**Marwa Sayed Mahgoub**

# Avaliação, previsão e avaliação de risco da qualidade da água potável

Marwa Sayed Mahgoub

# Avaliação, previsão e avaliação de risco da qualidade da água potável

## Nova abordagem para a implementação de algoritmos SIG avançados na avaliação da qualidade da água potável

ScienciaScripts

**Imprint**



Cover image: www.ingimage.com

This book is a translation from the original published under ISBN 978-3-659-93591-6.

Publisher:
Sciencia Scripts
is a trademark of
Dodo Books Indian Ocean Ltd. and OmniScriptum S.R.L publishing group

120 High Road, East Finchley, London, N2 9ED, United Kingdom
Str. Armeneasca 28/1, office 1, Chisinau MD-2012, Republic of Moldova, Europe
Printed at: see last page
**ISBN: 978-620-7-94623-5**

Índice:

## AGRADECIMENTOS

Gostaria de expressar a minha sincera gratidão à minha **mãe** e ao meu **pai**, que sempre me apoiaram e encorajaram a prosseguir os meus estudos. Não há palavras para descrever o impacto positivo que tiveram na minha vida. Obrigada por serem pais fantásticos, sem o seu amor, apoio, paciência e encorajamento, esta tese não teria sido possível.

Quero também expressar as minhas sinceras palavras aos meus **irmãos**, à minha **irmã** e ao meu sobrinho (**Youssef e o adorável trigémeo**). Quero agradecer ao **Dr. Alaa Fareed** pelo seu grande apoio durante este trabalho até à sua conclusão. Gostaria também de expressar a minha sincera gratidão ao **Dr. Shaban Mohamed Ali** pelo seu encorajamento. Por último, gostaria de deixar registados os meus sinceros agradecimentos a todos os que me dão felicidade, poder e força para enfrentar os acontecimentos da vida.

**Marwa S. Mahgoub**

setembro de 2017

# Capítulo 1
## INTRODUÇÃO

### 1.1. Geral

A água é um dos recursos naturais mais essenciais para a eco-sustentabilidade e é provável que se torne criticamente escassa nas próximas décadas devido ao aumento da procura, ao rápido crescimento das populações urbanas e ao desenvolvimento de actividades antropogénicas que causam um aumento intenso do consumo de água (Hajalilou & Khaleghi, 2009). Javier et al. (2012) prevêem uma redução dos recursos hídricos de cerca de 19% a curto prazo (2010-2040) e uma redução de cerca de 40-50% a longo prazo (2070-2100), em comparação com 1990-2000, devido aos efeitos das alterações climáticas. A interação entre os diferentes componentes do ambiente e as actividades humanas é dinâmica, complexa e mal compreendida. À medida que a água interage com os componentes ambientais, como partículas de argila, vários sais, resíduos de fabrico, resíduos vegetais, organismos vivos e matéria orgânica, a água torna-se poluída e carregada de sólidos em suspensão ou em solução (Hegazy & Badr El-Din, 2012). As águas de superfície são as mais vulneráveis à poluição devido à sua fácil acessibilidade para a eliminação de águas residuais (Khatoon et al., 2013). Sugere-se que a deterioração da qualidade das águas superficiais pode estar diretamente relacionada com o processo geoquímico, a densidade populacional e as actividades antropogénicas intensas (Hongjun et al., 2008 e Selvam et al., 2013). A tendência para a urbanização no último século e a exposição das fontes de água à contaminação por descargas de águas residuais estão a colocar desafios cada vez maiores no que diz respeito ao abastecimento de água potável à população humana. Mais de um bilião da população mundial não tem acesso a água potável e mais de três milhões de pessoas morrem todos os anos devido a doenças relacionadas com a água (UNICEF, 2005).

### 1.2. Água potável no Egipto

No Egipto, a procura de água para fins agrícolas, industriais e municipais tem aumentado devido ao crescimento da população e ao aumento do rendimento agregado (PNUD, 2002). O governo pode melhorar a gestão da água e o desenvolvimento sustentável para enfrentar a escassez de água, adoptando políticas que permitam a gestão da procura de água, para além da gestão do abastecimento de água. No entanto, são necessários métodos não convencionais que forneçam melhores ferramentas para a avaliação e gestão dos problemas de qualidade da água, a fim de implementar políticas de gestão e estabelecer os limites para uma estratégia sustentável de reutilização da água.

Como resultado da construção da barragem de Aswan no sul do Egipto, o caudal do rio Nilo depende da água disponível armazenada no lago Nasser em agosto de cada ano para satisfazer as necessidades dentro da quota anual de água do Egipto, que está fixada em 55,5 mil milhões de metros cúbicos (BCM) ao abrigo do acordo assinado com o Sudão em 1959 (APRP, 2002). A ligeira variação anual da libertação de água da barragem alta depende principalmente das necessidades de irrigação, variando esta libertação entre 800 $m^3$ /s durante o inverno e 2760 $m^3$ /s durante o verão.

### 1.3. Água potável na província de El Fayoum

A província de El Fayoum foi selecionada para este estudo por ter uma natureza particular, diferente do Delta e do Alto Egipto e também do Oásis (Fig. 1.1). A diversidade não se limita apenas à agricultura, mas estende-se a uma disposição geográfica e a características topográficas únicas, uma vez que o ambiente é uma mistura de natureza agrícola, desértica e costeira. A água de superfície na província de El Fayoum tem um significado especial, uma vez que é o único grande recurso de água doce. A topografia da província é tal que as fontes de água em diferentes locais se misturam com as águas residuais. O rio Nilo é a principal fonte de água doce em El Fayoum. Entra em El Fayoum através de um braço principal chamado canal Bahr Yousef, que depois se divide em dois canais principais, os canais Bahr Hassan Wassef e Bahr Yousef, que depois se dividem em muitos pequenos sub-canais de irrigação contínuos a jusante, em direção ao lago Qaroun, que formam um sumidouro natural para a água de drenagem agrícola em El Fayoum. A província de El Fayoum é uma grande depressão no deserto ocidental do Egipto, situada a 90 km a sudoeste do Cairo. O canal de Bahr Youssef é o principal recurso hídrico de El Fayoum e é um dos principais braços do canal de Ibrahimia, que retira a água do rio Nilo a uma distância de 539 km da barragem de Aswan. O comprimento do canal de Bahr Youssef é de 313 km e fornece água a quatro distritos: West Menia, Bani-Suef, El Fayoum e Giza. El Fayoum é o maior distrito servido pelo canal de Bahr Youssef, com 454 700 Feddans (NWRP/MWRI, 2013). As águas são distribuídas através dos canais Bahr Yousef e Bahr Hassan Wassef. O Bahr Yousef serve as zonas nordeste e central, enquanto o canal Bahr Hassan Wassef serve as zonas sul e oeste. A escassez de água de irrigação em El Fayoum é compensada pela reutilização da água de drenagem, que afecta negativamente o solo e as plantas. A restante água de drenagem flui para os lagos Qaroun e Wadi El Rayan. O canal Bahr Youssef e os seus ramais fornecem água para consumo, uso doméstico e irrigação na província de El Fayoum (Melegy et al., 2014). Outra fonte de água (canal Tirat Al jizah) entra na província de El Fayoum diretamente do braço do rio Nilo na aldeia de Al Ayat (província de Gizé). Um canal de água artificial (canal de Gerza) foi concebido para transportar água diretamente do rio Nilo. O canal artificial estende-se de Tirat Al jizah na aldeia de Gerza (província de Gizé) até à aldeia de Tamia (El Fayoum) (Fig. 1.1). Não existem estudos integrados sobre a qualidade das águas de superfície na província de El Fayoum, com exceção da tentativa realizada recentemente por Abdel Wahed et al. (2015).

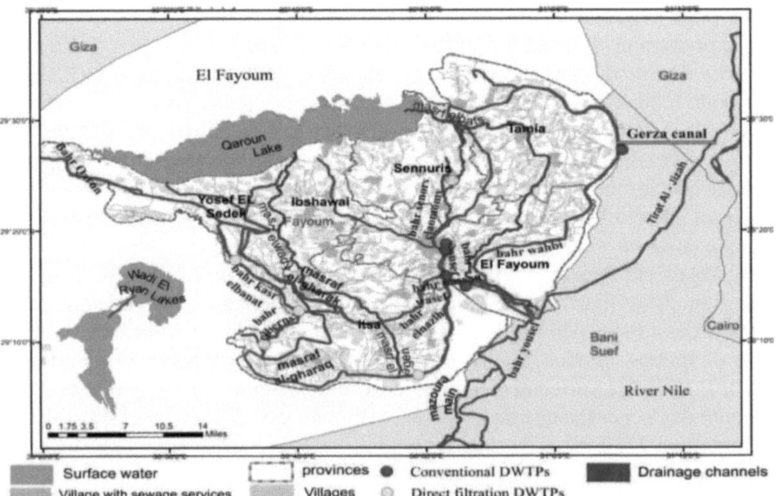


**Fig. 1.1 :** Águas superficiais com fontes de drenagem e descarga de águas residuais relevantes para as ETARs na província de El Fayoum.

## 1.4. Avaliação da água potável

A avaliação da qualidade da água potável é uma parte importante dos estudos de poluição no ambiente (Soylak et al., 2002). A qualidade da água, quer seja utilizada para beber, para fins domésticos, para a produção de alimentos ou para fins recreativos, tem um impacto importante na saúde humana. A água de má qualidade pode causar surtos de doenças e pode contribuir para taxas de fundo de doenças em diferentes escalas temporais. A avaliação dos riscos é um processo sistemático que prevê a probabilidade de ocorrência dos perigos identificados e a magnitude das suas consequências. A avaliação dos eventos perigosos e a estimativa dos riscos associados podem constituir uma ferramenta muito eficiente para desenvolver estratégias eficazes de gestão dos riscos.

As diferentes utilizações da água exigem diferentes critérios de qualidade da água e métodos normalizados para comunicar e comparar os resultados da análise da água (Khodapanah et al., 2009). A monitorização da qualidade da água como função da gestão da qualidade da água é a recolha das características físicas, químicas e biológicas da água (Sanders et al,
1983). A avaliação da qualidade da água é essencial não só para a vida humana mas também para o estado de saúde dos diferentes ecossistemas aquáticos. A gravidade dos actuais problemas de qualidade da água no Egipto varia entre diferentes massas de água, dependendo de: caudal, padrão de utilização, densidade populacional, grau de industrialização, disponibilidade de sistemas de saneamento e condições sociais e económicas existentes na área da fonte de água. A prevenção de contaminações microbianas e químicas na área de captação é a primeira barreira contra a contaminação das águas superficiais com preocupações de saúde pública (OMS, 2007).

A classificação, modelação e interpretação dos dados de monitorização são os passos mais importantes na avaliação da qualidade da água. Para definir a qualidade da água, muitos investigadores avaliam os parâmetros de qualidade da água individualmente, descrevendo a variabilidade sazonal e as suas causas, sem ter em conta a dimensão espacial. São utilizadas técnicas analíticas para produzir resultados fiáveis, mas geralmente os métodos laboratoriais são demorados e muito dispendiosos. Porque é muito difícil e trabalhoso monitorizar regularmente todos os parâmetros, mesmo que se disponha de mão de obra adequada e de instalações laboratoriais. No entanto, podem ser desenvolvidos alguns modelos para integrar métodos fáceis, fiáveis e rentáveis de recolha de dados e fornecer informações sobre o nível de poluição por diferentes parâmetros.

Os modelos de "previsão estatística e espacial" são exemplos destes modelos que utilizam dados espaciais e de qualidade da água através de um processo estatístico para construir um modelo dinâmico de qualidade da água. Por esta razão, nos últimos anos, foi desenvolvida uma abordagem mais fácil e mais simples baseada na correlação estatística, utilizando relações matemáticas para a comparação dos parâmetros de qualidade da água (Sarkar et al., 2006). Os modelos estatísticos utilizam a correlação para medir a força da relação entre as associações de duas variáveis e os valores quantitativos. A correlação entre diferentes parâmetros em condições ambientais específicas tem-se revelado útil quando essa correlação existe e a determinação de alguns parâmetros é suficiente para dar algumas ideias sobre a qualidade das águas superficiais nessa zona.

A correlação associada à regressão linear no modelo estatístico para prever a alteração do parâmetro de qualidade da água para qualquer alteração de outro parâmetro pode ser utilizada para extrapolar entre os pontos de dados existentes, bem como para prever resultados que não tenham sido previamente observados ou testados. A análise de correlação e regressão pode ser utilizada para quantificar a concentração relativa de vários poluentes na água e para aconselhar medidas rápidas de gestão da qualidade da água (Batabyal, 2014). Também o modelo de correlação e regressão avalia o impacto e prevê as concentrações dos parâmetros, mas faltam as apresentações gráficas, os impactos visuais e a distribuição espacial dos resultados gráficos sobre as alterações da qualidade da água, a carga poluente e a relação com as fontes.

## 1.5. Índice de qualidade da água

A comparação dos dados de monitorização da qualidade da água com as normas de qualidade da água, que representa o principal objetivo do modelo do Índice de Qualidade da Água (IQA), é um dos melhores métodos de avaliação do risco das águas superficiais. O IQA é uma ferramenta estatística útil que ajuda a transformar os registos complexos da qualidade da água em informações úteis para o público ou para os decisores políticos. O índice de qualidade da água permite a redução de grandes quantidades de dados obtidos a partir de uma série de parâmetros físico-químicos e biológicos a um único número, de uma forma simples e reprodutível. Este número simples dado por qualquer modelo de IQA explica o nível de contaminação da água (Hector et al., 2012). De facto, o IQA tem sido utilizado para a avaliação da qualidade da água de muitas massas de água em todo o mundo (El-Sherbini e El-Moattassem, 1994; Demuynck et al., 1997; Mohanta & Patra, 2000; Bordalo et al, 2006; Abrahao et al., 2007; Dwivedi & Pathak, 2007; Kannel et al., 2007; Simoes et al., 2008; Abdul Hameed et al., 2010; Sankar & Mrinal, 2011 e Rajkumar et al., 2012). O CCME WQI (CCME, 2001) é um modelo dinâmico fiável que pode ajudar a resumir e a reportar o WQI para compreender o estado da qualidade da água potável.

## 1.6. Sistema de Informação Geográfica

O sistema de informação geográfica (SIG) pode ajudar a avaliar a qualidade da água de toda uma região através de um mapa temático rasterizado para obter características de distribuição total (Ferrer et al., 2012). Os modelos SIG representam uma ferramenta muito útil para desenvolver soluções para problemas de qualidade da água a partir de uma abordagem prática e, consequentemente, para ajudar os decisores políticos a adotar medidas correctivas (SwarnaLatha e NageswaraRao, 2010). Além disso, o SIG é a melhor opção para a avaliação espacial da qualidade da água (Marchant et al., 2013). A aplicação do SIG na avaliação da qualidade da água tem sido amplamente utilizada (Xiang et al., 2003; Babiker et al., 2007; Zhou e Zheng, 2008; Juahir et al., 2010 e Rajkumar et al., 2012). O modelo de análise espacial do SIG permite a interpolação do parâmetro de qualidade da água num local desconhecido a partir de valores conhecidos para criar uma superfície contínua que nos ajudará a compreender os cenários do parâmetro de qualidade da água em toda a área de estudo (Hongjun et al., 2008).

O modelo de previsão dinâmica espacial utiliza o método de interpolação de análise espacial Inverse Distance Weighted (IDW) para determinar os valores das células utilizando uma combinação linearmente ponderada de um conjunto de pontos de amostragem. O peso é uma função da distância inversa. O método de interpolação IDW tem sido amplamente utilizado em muitos tipos de dados devido à sua simplicidade, rapidez de cálculo, facilidade de programação e credibilidade na interpolação de superfícies (Donia e Hussein, 2004; ESRI, 2005). Rajkumar et al. (2012) e Oke et al. (2013) aplicaram a ferramenta IDW para avaliar a qualidade da água dos rios, enquanto Eslami et al. (2013); Rajkumari Suryawanshi (2014) e Saif Ullah Khan et al. (2015) utilizaram a ferramenta IDW para avaliar e prever a qualidade da água potável. Os resultados do modelo WQI, juntamente com o modelo dinâmico GIS, permitem visualizar e avaliar a qualidade espacial da água e proporcionar uma melhor compreensão e previsão da portabilidade da água no espaço através da combinação da avaliação estatística e espacial da qualidade da água para identificar perigos e desenvolver um plano de gestão de riscos eficaz (Selvam et al., 2013).

## 1.7. Objectivos

O presente estudo lançou luz sobre o estado hidroambiental atual e a qualidade da água potável na província de El Fayoum, utilizando o SIG. Tanto quanto sabemos, não existem estudos integrados que abordem a avaliação global da qualidade da água na província de El Fayoum. Os trabalhos anteriores sobre a integração de modelos estatísticos e espaciais de previsão da qualidade da água são muito limitados.

Os objectivos gerais do estudo consistem em alcançar o conceito de prevenção em vez de reação, através da compreensão de todo o sistema de abastecimento de água e dos perigos que podem comprometer a qualidade da água potável; em seguida, distinguir os riscos maiores dos menores e desenvolver medidas eficazes para gerir primeiro os riscos significativos; investir adequadamente os recursos na gestão dos riscos para maximizar os resultados representados no fornecimento de uma estratégia preventiva abrangente para a gestão da qualidade da água potável.

Este objetivo geral pode ser alcançado através de

1- Monitorizar e avaliar a qualidade da água na(s) principal(is) fonte(s) de águas superficiais.
2- Calcular o IQA de acordo com as normas nacionais e internacionais para caraterizar e identificar a qualidade global da água da área de estudo.
3- Gerar um modelo estatístico para mostrar as interacções entre os diferentes componentes da água de superfície e prever a sua relação entre si, utilizando a matriz de correlação e a regressão de extrapolação. Utilizar a análise multivariada para criar um modelo dinâmico espacial para produzir mapas fiáveis que façam previsões de interpolação sobre as condições futuras da água potável e probabilidades a favor dos planos de gestão bem sucedidos.
4- Validação da capacidade de previsão (interpolação e extrapolação) dos modelos para comunicar uma maior sensibilidade a fim de acrescentar uma nova abordagem prática e económica para a conceção de um quadro estratégico para o sistema de monitorização e gestão da qualidade da água potável na área de estudo.
5- Identificação dos principais perigos para a saúde que causam riscos para o estado da qualidade da água e avaliação dos riscos associados a estratégias alternativas de controlo da poluição, incluindo a integração de critérios externos, como os custos sociais e económicos da melhoria da qualidade da água.

Os resultados esperados deste estudo podem constituir os mapas de risco de base para monitorizar, seguir e prever a presença e as alterações na concentração dos poluentes. A base de dados espacial estabelecida no modelo dinâmico GIS é prática e económica e pode ser útil para os decisores como sistema de alerta precoce para estabelecer um plano de ação bem sucedido e um plano de avaliação de risco para o sistema de água potável.

# Capítulo 2

## AVALIAÇÃO DA QUALIDADE DAS ÁGUAS SUPERFICIAIS


### RESUMO

A avaliação da qualidade das águas de superfície é considerada um fator-chave no domínio da gestão da qualidade ambiental. A água de superfície na província de El Fayoum tem um significado especial, uma vez que é o único grande recurso de água doce. A topografia da província é tal que as fontes de água em diferentes locais se misturam com as águas residuais. O artigo apresenta as variações sazonais e espaciais da qualidade da água, documentadas através da análise do Sistema de Informação Geográfica (SIG). Foi estabelecido um programa de monitorização, tendo sido recolhidas mensalmente 648 amostras de água em nove locais de amostragem que estão a ser amplamente utilizados para fins de consumo, domésticos e agrícolas, diferenciados para o braço principal do rio, canais de água e sub-canais, durante o período de janeiro de 2010 a dezembro de 2015. Foram investigados 12 parâmetros físico-químicos, 25 químicos e 5 biológicos. A partir dos dados analisados, alguns parâmetros estudados apresentaram variações sazonais. A qualidade da água foi interpolada usando o modelo de previsão dinâmica GIS, que foi usado para representar a variação espacial e prever valores de parâmetros de qualidade da água para qualquer local não medido. O Índice de Qualidade da Água (IQA) foi utilizado para explicar a qualidade global das águas de superfície de acordo com as normas de qualidade das águas de superfície. Os resultados indicaram que a maior parte dos parâmetros de qualidade da água se encontrava dentro dos limites recomendados pelas normas nacionais e internacionais aplicáveis às águas superficiais, exceto no que se refere à não conformidade dos parâmetros TDS, CE, Fe, Mn, DO, Cu, Zn, Ni e bacteriológicos. As variações espaciais mostram a degradação da qualidade da água nos canais e subcanais, em vez de no braço principal do rio. A qualidade da água ao longo da área estudada é notavelmente influenciada pela descarga de águas residuais dos canais de esgotos e de drenagem devido à má estrutura do sistema de drenagem e de esgotos. A grande dimensão da população, as diferentes actividades antropogénicas e o fluxo de água devem ser seriamente considerados para compreender a deterioração observada da qualidade das águas superficiais. O desenvolvimento de estratégias eficazes de gestão dos riscos exige uma avaliação contínua dos eventos perigosos e uma estimativa dos riscos associados.



**Palavras-chave:** Águas superficiais, qualidade da água, SIG, IQA, Gestão do risco.


### 2.1. Introdução

A água é considerada como um dos recursos naturais mais essenciais para a eco-sustentabilidade. O aumento contínuo da procura de água, o rápido crescimento das populações e o desenvolvimento de actividades antropogénicas resultaram numa escassez crítica de recursos hídricos nas próximas décadas (Hajalilou et al., 2009). Com base no efeito do aquecimento global, prevê-se uma redução de aproximadamente 19% dos recursos hídricos até ao ano 2040, que poderá atingir 50% até ao ano 2100 (Ferrer et al., 2012). A interação entre os diferentes componentes do ambiente e as actividades humanas é bastante complexa e pouco compreendida até à data. Sugere-se que a deterioração da qualidade das águas superficiais pode estar diretamente relacionada com os processos geoquímicos, a densidade populacional e as actividades humanas intensas (Selvam et al., 2013 e HOU Jing-wei et al., 2014).

A avaliação dos riscos é um processo sistemático que prevê a probabilidade de ocorrência dos perigos identificados e a magnitude das suas consequências. A comparação da qualidade da água com as normas aplicáveis às águas de superfície é um dos melhores

métodos para avaliar o risco das águas de superfície. A avaliação dos eventos perigosos e a estimativa dos riscos associados podem constituir uma ferramenta muito eficiente para desenvolver estratégias eficazes de gestão dos riscos (OMS, 2007).
El Fayoum é uma das províncias rurais formadas como uma bacia fechada numa região árida. Tem cerca de 70 km de largura e 60 km de comprimento. A depressão de El Fayoum é caracterizada por uma drenagem interna que não permite a saída de água, exceto por evaporação (Abdel Wahed et al., 2014). O rio Nilo entra em El Fayoum sob a forma de canais de irrigação naturais (canal Bahr Yousef), uma vez que se ramifica a partir do canal Ibrahimia e passa a oeste do rio Nilo. Outra fonte de água (canal Tirat Al jizah) entra em El Fayoum diretamente a partir do rio Nilo na aldeia de Al Ayat (província de Gizé), estendendo-se a jusante, passando pela província de Bani suef e unindo-se depois ao canal Bahr yousef na província de El Fayoum (Fig. 2.1).

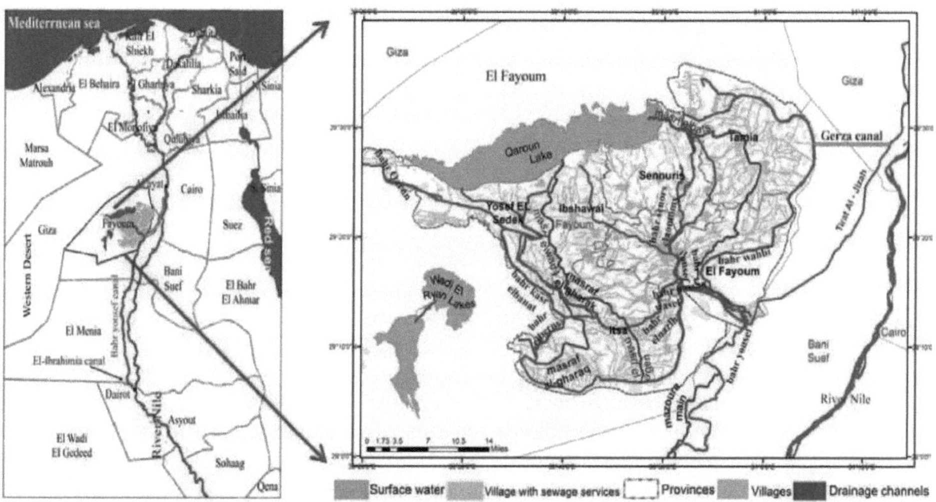


**Fig. 2.1** : Águas superficiais na província de El Fayoum provenientes do rio Nilo e fontes de poluição.

As diferentes utilizações da água exigem diferentes critérios de qualidade da água e métodos normalizados de comunicação e comparação dos resultados das análises da água (Khodapanah et al., 2009). A gestão dos recursos hídricos é um aspeto integrante da gestão preventiva da qualidade das águas superficiais. A monitorização da qualidade da água como função da gestão da qualidade da água é a recolha dos parâmetros físicos, químicos e biológicos da água (Sanders et al., 1983). A avaliação da qualidade da água é essencial não só para a vida humana, mas também para o estado de saúde dos diferentes ecossistemas aquáticos. A gravidade dos actuais problemas de qualidade da água no Egipto varia entre diferentes massas de água, dependendo de: caudal, padrão de utilização, densidade populacional, grau de industrialização, disponibilidade de sistemas de saneamento e condições sociais e económicas existentes na área da fonte de água. A prevenção de contaminações microbianas e químicas na área de captação é a primeira barreira contra a contaminação das águas superficiais com preocupações de saúde pública (OMS, 2007).
O Índice de Qualidade da Água (IQA) é uma ferramenta estatística útil que ajuda a transformar os registos complexos da qualidade da água em informações úteis para o público ou para os decisores políticos. O índice de qualidade da água permite reduzir grandes quantidades de dados obtidos a partir de uma série de parâmetros físico-químicos e biológicos

a um único número, de uma forma simples e reprodutível. Este número simples dado por qualquer modelo de IQA explica o nível de contaminação da água de acordo com as normas de qualidade das águas superficiais (Hector et al,
2012) . De facto, o IQA tem sido utilizado para a avaliação da qualidade da água de muitas massas de água em todo o mundo (El-Sherbini e El-Moattassem, 1994; Demuynck et al, 1997; Mohanta, 2000; Bordalo, 2006; Abrahao, 2007; Dwivedi, 2007; Kannel, 2007; Simões, 2008; Abdul Hameed, 2010; Sankar, 2011; Rajkumar et al., 2012, Hossein et al., 2013; Rajkumari Suryawanshi, 2014 e Saif Ullah Khan et al., 2015). O CCME WQI (CCME 2001) é um modelo fiável que pode ajudar a resumir e a comunicar os dados de monitorização do WQI para compreender o estado da qualidade das águas superficiais.
O Sistema de Informação Geográfica (SIG) pode ajudar a avaliar a qualidade das águas superficiais de toda a região através de um mapa raster para obter características de distribuição total (Ferrer et al., 2012). Os modelos baseados em SIG têm sido aplicados para avaliar a quantidade e a qualidade da água e para analisar este problema a partir de uma abordagem prática e, consequentemente, para ajudar os decisores políticos a adotar medidas correctivas (SwarnaLatha e Nageswara Rao, 2010). O SIG representa uma ferramenta muito útil no desenvolvimento de soluções para os problemas dos recursos hídricos e é considerado como uma melhor opção para a avaliação espacial da qualidade da água (Marchant et al,
2013) . A avaliação dos riscos de poluição para uma captação de águas de superfície implica a assimilação de grandes volumes de dados espacialmente variáveis. A capacidade intrínseca dos SIG para armazenar, analisar e apresentar esses dados torna-os instrumentos ideais para a avaliação dos riscos (Rejeski, 1993). A aplicação dos SIG na avaliação da qualidade da água tem sido amplamente utilizada (Xiang et al., 2003; Babiker et al., 2007; Zhou e Zheng, 2008; Juahir et al., 2010 e Rajkumar et al., 2012).
A extensão da análise espacial do SIG permite a interpolação do parâmetro de qualidade da água num local desconhecido a partir de valores conhecidos para criar uma superfície contínua que nos ajudará a compreender os cenários do parâmetro de qualidade da água da área de estudo. A distância inversa ponderada (IDW) é uma ferramenta de interpolação de análise espacial no SIG. O modelo de previsão dinâmica IDW é ideal para a análise de dados relativos à qualidade da água de vários pontos de amostragem e deriva o valor de uma variável numa nova localização utilizando valores obtidos em localizações conhecidas (ESRI, 2005).
O método de interpolação IDW tem sido amplamente utilizado em muitos tipos de dados devido à sua simplicidade, rapidez de cálculo e facilidade de programação e credibilidade na interpolação de superfícies (ESRI, 1994). As bases de dados espaciais e de atributos geradas foram integradas para a geração dos mapas de distribuição espacial. Rajkumar et al. (2012) e Oke et al. (2013) aplicaram a ferramenta IDW para avaliar a qualidade da água dos rios, enquanto Hossein et al. (2013); Rajkumari Suryawanshi (2014) e Saif Ullah Khan et al. (2015) utilizaram a ferramenta IDW para avaliar e prever a qualidade da água potável. O modelo WQI, associado ao modelo dinâmico GIS, gera mapas de risco e avalia a qualidade espacial da água de superfície, permitindo uma melhor compreensão da portabilidade da água no espaço através da combinação da avaliação estatística e espacial da qualidade da água (Selvam et al., 2013).
Tanto quanto sabemos, não existem estudos integrados sobre a qualidade das águas superficiais na província de El Fayoum, com exceção da tentativa levada a cabo recentemente por Mostafa et al. (2014) e Abdel Wahed et al. (2015). O presente estudo lançou luz sobre o estado hidroambiental atual e a deterioração da qualidade das águas superficiais na província

de El Fayoum, utilizando a interpolação SIG. Este objetivo geral foi alcançado através da avaliação dos parâmetros padrão de qualidade da água que têm efeitos perigosos na saúde humana e nos ecossistemas aquáticos. O atual controlo da qualidade da água na(s) principal(is) fonte(s) de águas superficiais da província de El Fayoum foi efectuado de acordo com algumas normas nacionais e internacionais. Além disso, o IQA é calculado para identificar a qualidade global da água. O objetivo é também produzir e gerar um modelo dinâmico para a produção de mapas de distribuição espacial utilizando um sistema de cartografia. Os resultados esperados do presente estudo visam apoiar o governo e os decisores políticos na elaboração de um plano de proteção eficaz dos recursos hídricos na província de El Fayoum através da deteção dos riscos nas fontes de água.

## 2.2. Materiais e métodos

### 2.2.1. Zona de estudo e locais de amostragem

A província de El Fayoum tem uma população de 2,88 milhões de habitantes (recenseamento de janeiro de 2012) e ocupa uma depressão natural fechada no deserto ocidental do Egipto (95 km a sudoeste do Cairo). Estende-se por 6068 km$^2$ entre 29°20' e 29°35'N, e 30°23' e 31°5'E. Inclui seis distritos, nomeadamente: Fayoum (a cidade), Tamia, Sennuris, Ibshawai, Itsa e Yosef el sedek (Mahmoud et al., 2016). A maior elevação é de 25 m acima do nível do mar nas aldeias de Azab e Hawara e a menor elevação é de -44 no lago Qaroun. As condições climáticas áridas prevalecem com temperaturas médias diárias máximas e mínimas que variam entre 37°C e 12°C. A humidade relativa máxima é de 55% em janeiro e de 60% em junho.

A principal fonte de água na província de El Fayoum é a descarga do canal Bahr Yousef através da barragem de Lahon. Na província de El Fayoum, o canal de Bahr Yousef divide-se em dois ramais principais, o canal de Bahr Yousef e o canal de Bahr Hassan Wassef, que depois se dividem em muitos pequenos sub-canais de irrigação contínuos a jusante do lago Qaroun. O canal Bahr Yousef serve as zonas nordeste e central, enquanto o canal Bahr Hassan Wassef serve as zonas sul e oeste. O canal Tirat el Gizah do rio Nilo na aldeia de Gerza e um canal de água artificial (canal de Gerza) foram concebidos para transportar água diretamente do rio Nilo para a província de El Fayoum.

A pesquisa de campo sobre as fontes de água, incluindo a observação do serviço de esgotos, as actividades humanas e a rede de drenagem, detecta que as fontes de água doce na província de El Fayoum foram sujeitas a descargas de águas residuais de vários canais de drenagem (fontes pontuais de poluição da água), como por exemplo a descarga do canal de Mazoura no canal de Bahr Yousef, a descarga dos canais de drenagem de Eltagen e Elgarak nos sub-canais de águas superficiais do sul da província. Recebem a drenagem agrícola e as águas residuais domésticas não tratadas das zonas em redor da fonte de água que não são servidas por sistemas de esgotos ou redes de drenagem (fontes não pontuais de poluição da água) (Fig. 2.1).

As amostras de água foram recolhidas através do método de amostragem por recolha de amostras em nove locais de amostragem de monitorização (S1:S9), que se diferenciam do rio S1, dos canais S2:S4 e dos sub-canais S5:S9 de acordo com a largura do curso de água. Estes locais de amostragem são amplamente utilizados para consumo como água de entrada ou água bruta de estações de tratamento de água potável (ETAP), para fins domésticos e agrícolas, facilmente acessíveis e distribuídos por toda a província, representando estações de monitorização das águas de superfície. Foram recolhidas 648 amostras, uma amostra por cada local e por mês, durante o período de janeiro de 2010 a dezembro de 2015. Foi efectuado um levantamento GPS para documentar a localização dos locais de amostragem, utilizando um GPS de mão Garmin (Tabela 2.1 e Fig. 2.2).

**Tabela 2.1:** Códigos dos locais de amostragem, descrição, nome da fonte de água, classificações e coordenadas dos pontos de amostragem na área de estudo.

| Código dos locais de amostragem | Descrição | Fonte de água nome | Classificação | Largura | coordenadas | |
|---|---|---|---|---|---|---|
| | | | | | longitudes | latitudes |
| SI | Captação da ETA de Tamia | Tirat El Jizah (canal de Gerza) a partir do rio Nilo | Nilo | Mais de 25m | 31°4'16 "E | 29$^{O}$ 27'17 "N |
| S2 | Nova tomada de água da ETAR de Elazab | Bahr Hassan Wassef | Canal | 10m:25m | 30°52'57 "E | 29$^{O}$ 14'59 "N |
| S3 | Captação da ETAR de Elazab Velho | Bahr Hassan Wassef | Canal | 10m:25m | 30°51'33 "E | 29°15'6 "N |
| S4 | Captação nas ETARs de Quhafa nova e antiga | Bahr Yousef | Canal | 10m:25m | 30°51'27 "E | 29°18'16 "N |
| S5 | Senoresl, 2 DWTPs de entrada | Bahr Senors Elaomomy | Sub-canal | 5m:10m | 30°51'56 "E | 29°24'35 "N |
| S6 | Pés de galinha Entrada da ETAD | Bahr Elgarak | Sub-canal | 5m:10m | 30°49'23 "E | 29$^{O}$ 7'5 "N |
| S7 | Captação da ETA do Príncipe | Bahr Elbems | Sub-canal | 5m:10m | 30°37'16 "E | 29$^{O}$ 9'48 "N |
| S8 | Captação da ETA de Abo gander | Bahr kasr Elbanat | Sub-canal | 5m:10m | 30°40'60 "E | 29$^{O}$ 12'52 "N |
| S9 | Captação da ETAR de El rayan | Bahr kasr Elbanat | Sub-canal | 5m:10m | 30°35'5 "E | 29$^{O}$ 17'25 "N |

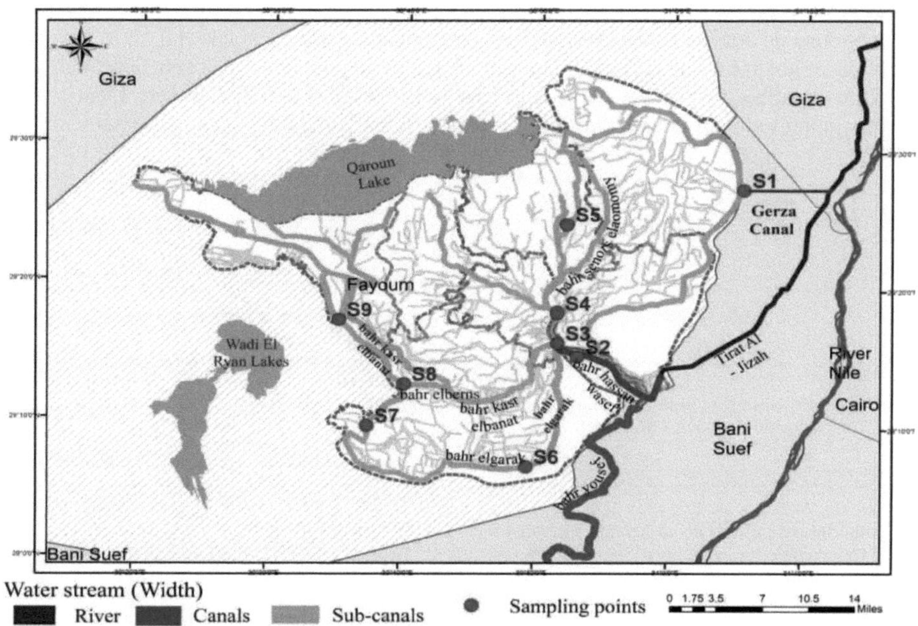


**Fig. 2.2:** Distribuição dos locais de amostragem na área de estudo.

### 2.2.2. Análises

O fluxograma de análise consiste em processos espaciais e não espaciais (Fig. 2.3). A estratégia de análise começa com a aquisição de dados, seguida de uma classificação dos dados em espaciais e não espaciais para avaliar cada um deles individualmente e, em seguida, juntar todos os dados num modelo para terminar com a avaliação dos riscos.

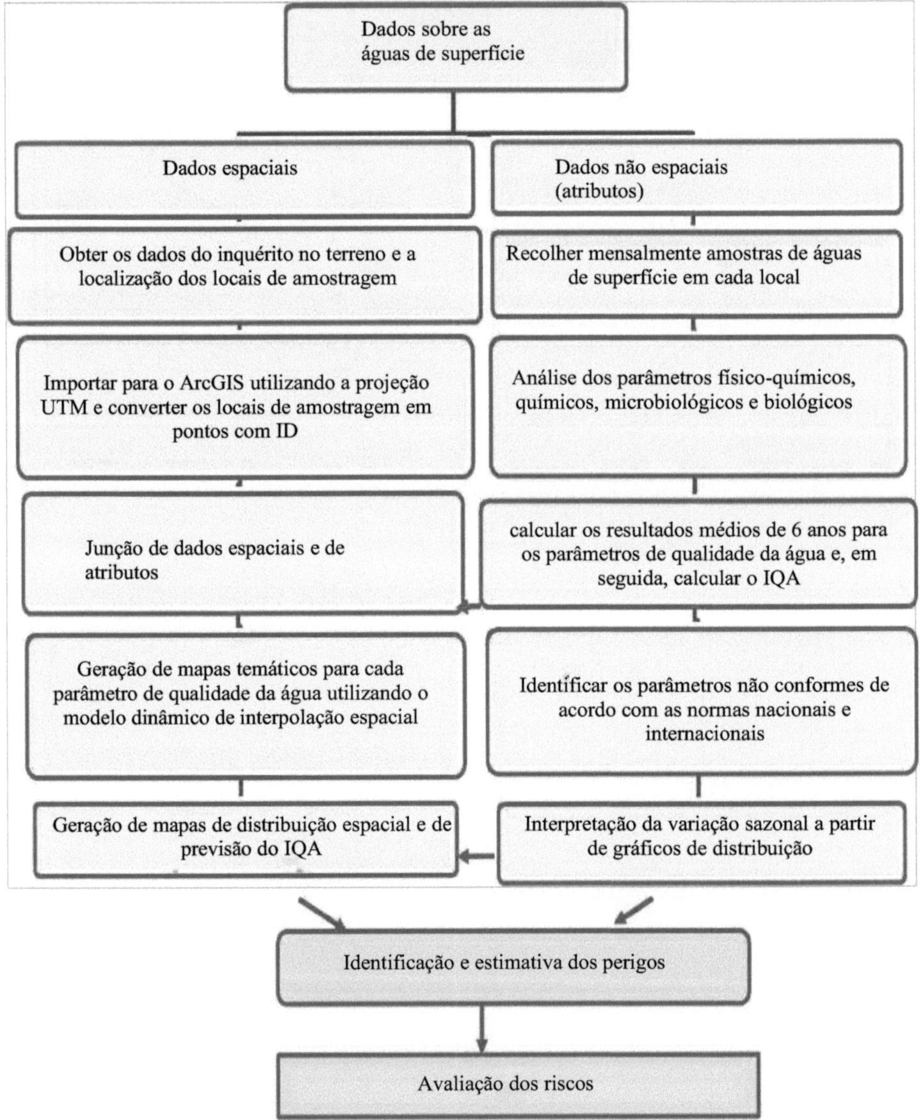


**Fig. 2.3:** Fluxograma da metodologia.

### 2.2.2.1. Análises GIS

Após a análise laboratorial, os dados alfabéticos sobre a qualidade da água foram importados para o programa GIS (ArcGIS 10.2.1) em formato digital para interpolar e gerar mapas de distribuição espacial que representam a variação espacial de cada parâmetro em todos os locais de amostragem. As localizações geográficas dos locais de amostragem foram inseridas como uma camada básica separada e foi criada uma tabela de base de dados com os resultados dos diferentes parâmetros da água. As localizações das amostras foram captadas por GPS como dados de latitude/longitude em formato Degree, Minutes, and Seconds (DMS) e depois convertidas em metros (X, Y). Os dados sobre a qualidade da água ordenados no Microsoft Office Excel 2010 (atributo) são unidos aos locais de amostragem (shapefile espacial) para análise.

A ferramenta de análise espacial do software GIS foi utilizada para interpretar os dados e gerar um modelo de previsão dinâmico. As médias dos parâmetros registados foram armazenadas como ficheiro raster após análise utilizando a ferramenta Inverse Distance Weighted (IDW). O IDW é um algoritmo utilizado para interpolar dados espacialmente ou para estimar valores entre medições. Cada valor estimado numa interpolação IDW é uma média ponderada dos pontos de amostragem circundantes. Os pesos foram calculados tomando o inverso da distância entre a localização de uma observação e a localização do ponto que está a ser estimado (Burrough e McDonnell, 1998) (Fig. 2.3). As cores mais escuras no mapa indicam concentrações mais elevadas do parâmetro em causa.

### 2.2.2.2. Análise da qualidade da água

Após a amostragem, foram medidos 12 parâmetros físico-químicos, 25 parâmetros químicos (5 aniões principais, 4 catiões principais, 15 metais, 1 orgânico), 4 parâmetros bacteriológicos e a contagem de algas em cada amostra, de acordo com os Standard Methods for Examination of Water and Wastewater (APHA, 2012) durante o período de estudo. Todas as análises foram efectuadas no Laboratório Central de Qualidade da Água, El Fayoum Drinking Water and Sanitation Company, El Fayoum-Egipto, acreditado de acordo com a norma ISO/IEC 17025. As análises foram efectuadas de acordo com métodos analíticos aprovados (Quadro 2.2 e Fig. 2.3).

### 2.2.2.3. Índice de qualidade da água

O modelo que foi utilizado para calcular o índice de qualidade da água é o modelo CCME WQI (CCME, 2001), que consiste em três medidas de variância: âmbito, frequência e amplitude. Estas três medidas foram combinadas para produzir um valor entre 0 e 100 que representa a qualidade global da água utilizando 15 variáveis listadas nas normas de qualidade das águas superficiais (Tabela 2.4, 2.5 e 2.7), classificando assim o índice de qualidade da água numa das cinco categorias (Tabela 2.3). O modelo dinâmico IDW associado ao modelo WQI para gerar um mapa de risco temático que dividiu as águas de superfície na província de El Fayoum em zonas representa o grau de contaminação e a adequação das águas de superfície para consumo humano, conforme indicado no quadro 2.3.

**Tabela 2.2**: Métodos analíticos e equipamentos utilizados no estudo de acordo com as normas da APHA.

| Título do procedimento | Método | Equipamento | Modelo |
|---|---|---|---|
| Determinação da cor na água (Método da Platina-Cobalto) | 2120 B | espetrofotómetro | Perkin Elmer Lambda 25 |
| Determinação da Turbidez | 2130-B | Turbidímetro | HACH 2100N |

| Determinação do pH | 4500-$H^+$ | Medidor de pH | DENVER UB-5 |
|---|---|---|---|
| Determinação da condutividade, TDS *e* temperatura | 2510-B | Medidor de condutividade | HACH Sension 5 |
| Determinação da alcalinidade | 2320-B | Bureta digital | HIRSHMANN Solarus |
| Determinação da dureza total | 2340-C | Bureta digital | HIRSHMANN Solarus |
| Determinação da dureza permanente | Cálculo | | - |
| Determinação da dureza Ca- | 3500-Ca-B | Bureta digital | HIRSHMANN Solarus |
| Determinação da dureza Mg | Cálculo | | - |
| Determinação do oxigénio dissolvido | 5210 B | DO track | HACH TM |
| Determinação de cloretos | 4500-Cl- B | Bureta digital | HIRSHMANN Solarus |
| Determinação do sulfato | 4500-$SO_4^{2}$ - E | espetrofotómetro | Perkin Elmer Lambda 25 |
| Determinação de fluoreto | 4500 F- D | espetrofotómetro | Perkin Elmer Lambda 25 |
| Determinação do nitrato | 4500-$NO_3$- B | espetrofotómetro | Perkin Elmer Lambda 25 |
| Determinação de nitritos | 4500 -$NO_2$- B | espetrofotómetro | Perkin Elmer Lambda 25 |
| Determinação dos aniões por IC | 4110-B | IC | ICS-5000 Dionex |
| Determinação do COT | 5310 B | TOC | TELEDYNE TEKMAR Phoenix 8000 |
| Determinação de metais e catiões | 3120 B | ICP | Perkin Elmer Optima 5300DV |
| Determinação das bactérias totais | 9215 -B | Prato de despejo | - |
| Deteção de bactérias coliformes totais | 9222-B | Filtro de membrana | - |
| Deteção de bactérias coliformes fecais | 9222 -D | Filtro de membrana | - |
| Deteção de bactérias estreptococos fecais | 9230-C | Filtro de membrana | - |
| Contagem de algas | 10200-F | Microscópio | - |

| WQI Valor | Classificação | Observações |
|---|---|---|
| 95 - 100 | Excelente | A qualidade da água é protegida com uma ausência virtual de ameaça ou condições de deterioração muito próximas dos níveis naturais ou pristinos. |
| 80 - 94 | Bom | A qualidade da água é protegida apenas com um pequeno grau de ameaça ou de deterioração; as condições raramente se afastam dos níveis naturais ou desejáveis (poluição luminosa). |
| 65 - 79 | Justo | A qualidade da água é geralmente protegida, mas, ocasionalmente, as condições ameaçadas ou prejudicadas afastam-se por vezes dos níveis naturais ou desejáveis (poluição média). |
| 45 - 64 | Marginal | A qualidade da água é frequentemente ameaçada ou prejudicada; as condições afastam-se frequentemente dos níveis naturais ou desejáveis (poluição intensa). |
| 0.0 - 44 | Pobres | A qualidade da água está quase sempre ameaçada ou comprometida; as condições afastam-se geralmente dos níveis naturais ou desejáveis (poluição muito intensa). |

## 2.2.2.4. Avaliação do risco

O risco associado a cada perigo é descrito através da identificação da probabilidade de ocorrência (por exemplo, "certo", "possível", "raro") e da avaliação da gravidade das consequências caso o perigo ocorra (por exemplo, "insignificante", "importante", "e catastrófico"). O impacto potencial na saúde pública é a consideração mais importante, mas há outros factores como os efeitos estéticos e o cumprimento das normas relativas às águas superficiais. O processo de avaliação dos riscos envolve uma abordagem quantitativa ou semi-quantitativa, que inclui a estimativa da probabilidade/frequência ou exposição e da gravidade/consequência. A classificação dos riscos é comunicada de acordo com a OMS (2009), conforme indicado na Fig. 2.4.

| Likelihood or frequency | Severity or consequence | | | | |
|---|---|---|---|---|---|
| | Insignificant or no impact - Rating: 1 | Minor compliance impact - Rating: 2 | Moderate aesthetic impact - Rating: 3 | Major regulatory impact - Rating: 4 | Catastrophic public health impact - Rating: 5 |
| Almost certain / Once a day - Rating: 5 | 5 | 10 | 15 | 20 | 25 |
| Likely / Once a week - Rating: 4 | 4 | 8 | 12 | 16 | 20 |
| Moderate / Once a month - Rating: 3 | 3 | 6 | 9 | 12 | 15 |
| Unlikely / Once a year - Rating: 2 | 2 | 4 | 6 | 8 | 10 |
| Rare / Once every 5 years - Rating: 1 | 1 | 2 | 3 | 4 | 5 |

| Risk score | <6 | 6-9 | 10-15 | >15 |
|---|---|---|---|---|
| Risk rating | Low | Medium | High | Very high |

**Fig. 2.4:** Abordagem semi-quantitativa da matriz de risco (OMS, 2009).

## 2.3. RESULTADOS

Os valores médios dos vários parâmetros físico-químicos, parâmetros químicos, análises bacteriológicas e biológicas das águas superficiais amostradas no rio (S1), canais (S2, S3 e S4) e sub-canais (S5, S6, S7, S8 e S9) durante o período de janeiro de 2010 a dezembro de 2015 são apresentados nas Tabelas 2.4:2.8. As variações sazonais de todos os locais de amostragem relacionadas com o limite admissível (PL) e as variações sazonais representadas por mês das variáveis do rio, canais e sub-canais são apresentadas na Fig. 2.5 e Fig. 2.6, respetivamente, enquanto as variáveis do rio, canais e sub-canais que mostram variação espacial são apresentadas na Fig. 2.7, a representação unidimensional por gráfico WQI calculado e a representação 2D por mapas espaciais são mostradas na Fig. 2.8 (a, b). Finalmente, o mapa acumulado do modelo de previsão dinâmica mostra as zonas de IQA e a sua relação com o número de habitantes, a rede de drenagem e as aldeias com serviços de esgotos.

**Tabela 2.4:** Valores médios dos parâmetros físico-químicos.

| **ID da amostra Parâmetros** | **S1** | **S2** | **S3** | **S4** | **S5** | **S6** | **S7** | **S8** | **S9** |
|---|---|---|---|---|---|---|---|---|---|
| **Cor (mg/l Pt/Co)** | 12.5 | 19.4 | 17.5 | 18.0 | 27.8 | 27.7 | 34.6 | 26.0 | 22.6 |
| **Turbidez (NTU)** | 10.4 | 20.6 | 27.1 | 21.5 | 39.2 | 31.7 | 24.1 | 42.0 | 27.5 |
| **Temperatura (C )°** | 24.8 | 24.5 | 24.5 | 25.1 | 24.8 | 24.8 | 25.0 | 25.0 | 24.7 |
| ***pH** | 7.8 | 7.6 | 7.7 | 7.7 | 7.8 | 7.7 | 8.0 | 8.0 | 7.7 |
| ***EC (gS/cm)** | 424 | 524 | 529 | 557 | 533 | 675 | 797 | 703 | 730 |
| ***TDS (mg/l)** | 261 | 297 | 304 | 317 | 312 | 396 | 518 | 415 | 434 |
| **Alcalinidade total (mg/l)** | 129.5 | 141.8 | 142.0 | 145.3 | 146.7 | 146.4 | 155.6 | 150.0 | 153.3 |
| **Dureza total (mg/l)** | 131.2 | 153.3 | 155.6 | 168.3 | 154.4 | 171.4 | 192.9 | 179.4 | 190.7 |
| **Dureza permanente (mg/l)** | 10.90 | 13.65 | 14.37 | 23.39 | 14.60 | 29.01 | 53.18 | 35.00 | 39.25 |
| **Dureza Ca (mg/l)** | 90.8 | 97.7 | 98.1 | 104.9 | 95.1 | 106.7 | 124.7 | 113.3 | 116.3 |
| **Dureza Mg (mg/l)** | 58.51 | 61.36 | 65.86 | 67.76 | 68.20 | 80.92 | 90.61 | 80.80 | 89.11 |
| ***DO (mg/l)** | 7.10 | 6.96 | 6.75 | 6.70 | 5.60 | 6.65 | 6.74 | 5.98 | 6.52 |

* Variáveis utilizadas para calcular o IQA

**Tabela 2.5:** Valores médios dos principais aniões (valores em mg/l).

| ID da amostra Parâmetros'''–...,, (mg/l) | ^S1 | S2 | S3 | S4 | S5 | S6 | S7 | S8 | S9 |
|---|---|---|---|---|---|---|---|---|---|
| *Cl | 23.66 | 42.31 | 42.59 | 41.08 | 37.40 | 65.53 | 84.47 | 68.00 | 75.02 |
| *SO4 | 31.80 | 50.78 | 58.45 | 59.11 | 53.90 | 72.29 | 94.19 | 77.70 | 86.19 |
| NO2 | 0.04 | 0.05 | 0.04 | 0.05 | 0.10 | 0.19 | 0.46 | 0.20 | 0.28 |
| *NO3 | 1.32 | 2.35 | 2.39 | 2.37 | 2.40 | 4.89 | 4.93 | 3.30 | 4.62 |
| *F | 0.26 | 0.29 | 0.31 | 0.30 | 0.30 | 0.50 | 0.50 | 0.30 | 0.34 |

* Variáveis utilizadas para calcular o IQA

**Tabela 2.6:** Valores médios dos principais catiões (valores em mg/l).

| ID da amostra Parâmetros (mg/l) | S1 | S2 | S3 | S4 | S5 | S6 | S7 | S8 | S9 |
|---|---|---|---|---|---|---|---|---|---|
| Ca | 29.58 | 34.24 | 34.27 | 35.65 | 35.40 | 37.88 | 42.42 | 39.60 | 53.75 |
| Mg | 10.0 | 11.5 | 11.5 | 12.0 | 12.0 | 13.2 | 14.6 | 14.0 | 15.1 |
| Na | 20.86 | 37.00 | 36.75 | 41.95 | 32.70 | 47.24 | 57.58 | 45.70 | 46.34 |
| k | 4.9 | 5.4 | 6.4 | 6.4 | 6.1 | 6.0 | 6.7 | 6.1 | 6.3 |

**Tabela 2.7:** Valores médios de metais e parâmetros orgânicos (valores em mg/l).

| \ID da amostra Parâmetros (mg/l) X. | S1 | S2 | S3 | S4 | S5 | S6 | S7 | S8 | S9 |
|---|---|---|---|---|---|---|---|---|---|
| * Fe | 0.49 | 1.64 | 1.93 | 1.69 | 2.90 | 2.37 | 1.82 | 1.80 | 1.56 |
| * Mn | 0.14 | 0.10 | 0.13 | 0.10 | 0.10 | 0.16 | 0.11 | 0.10 | 0.12 |
| Al | 0.37 | 1.47 | 2.08 | 1.58 | 2.80 | 2.52 | 2.11 | 2.30 | 1.60 |
| * Cu | UDL | 0.01 | 0.01 | 0.02 | 0.01 | 0.01 | 0.01 | 0.2 | 0.01 |
| * Ni | UDL | 0.002 | 0.02 | 0.04 | UDL | 0.02 | 0.02 | 0.02 | 0.02 |
| *Zn | 0.002 | 0.005 | 0.01 | 0.009 | 0.01 | 0.02 | 0.001 | 0.01 | 0.01 |
| Sr | 0.16 | 0.35 | 0.36 | 0.45 | 0.40 | 0.42 | 0.33 | 0.28 | 0.29 |
| Ba | UDL | 0.04 | 0.04 | 0.04 | 0.03 | 0.07 | 0.06 | 0.06 | 0.06 |
| Ti | 0.02 | 0.03 | 0.03 | 0.09 | 0.05 | 0.13 | 0.06 | 0.09 | 0.05 |
| V | 0.01 | 0.007 | 0.01 | 0.007 | 0.013 | 0.03 | 0.01 | 0.02 | 0.01 |

| TOC | 4.32 | 4.56 | 4.57 | 4.79 | 5.17 | 4.85 | 5.24 | 4.61 | 4.82 |
|---|---|---|---|---|---|---|---|---|---|

UDL: Abaixo do limite de deteção * variáveis utilizadas para calcular o limite de deteção da IQA para (Cu= 0,0043, Ni= 0,00124 e Ba= 0,00145)

**Tabela 2.8:** Valores médios dos parâmetros bacteriológicos, biológicos e IQA.

| ID da amostra / Parâmetros | S1 | S2 | S3 | S4 | S5 | S6 | S7 | S8 | S9 |
|---|---|---|---|---|---|---|---|---|---|
| **Bactérias totais (CFU/ml)** | 9104 | 13843 | 29926 | 30153 | 41474 | 31460 | 25467 | 40125 | 27309 |
| ***Coliformes totais (CFU/100 ml)** | 7774 | 15001 | 22851 | 28662 | 65178 | 34078 | 37042 | 115389 | 52508 |
| ***Coliformes fecais (CFU/100 ml)** | 1479 | 6074 | 6237 | 9986 | 25227 | 6919 | 13800 | 16449 | 8100 |
| ***Streptococcus fecal (UFC/100 ml)** | 580 | 1095 | 703 | 2685 | 3467 | 1735 | 1709 | 3404 | 1356 |
| **Contagem total de algas (Organismo/ml)** | 4906 | 3835 | 4517 | 3969 | 3008 | 2626 | 2289 | 1984 | 2221 |
| **WQI** | 84.2 | 76.9 | 72.4 | 76.3 | 70.3 | 68.6 | 69.2 | 69.7 | 69.7 |

* Variáveis utilizadas para calcular o IQA

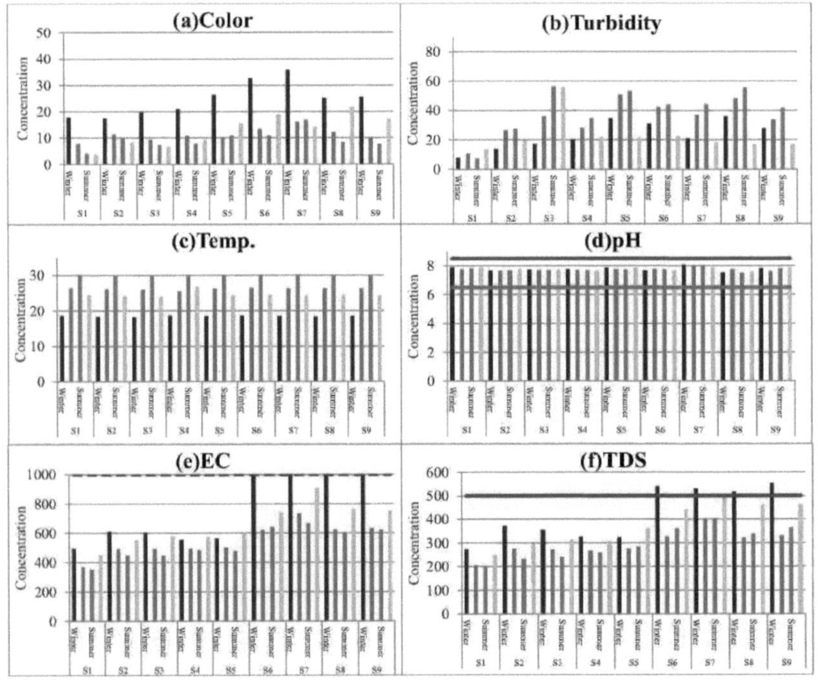

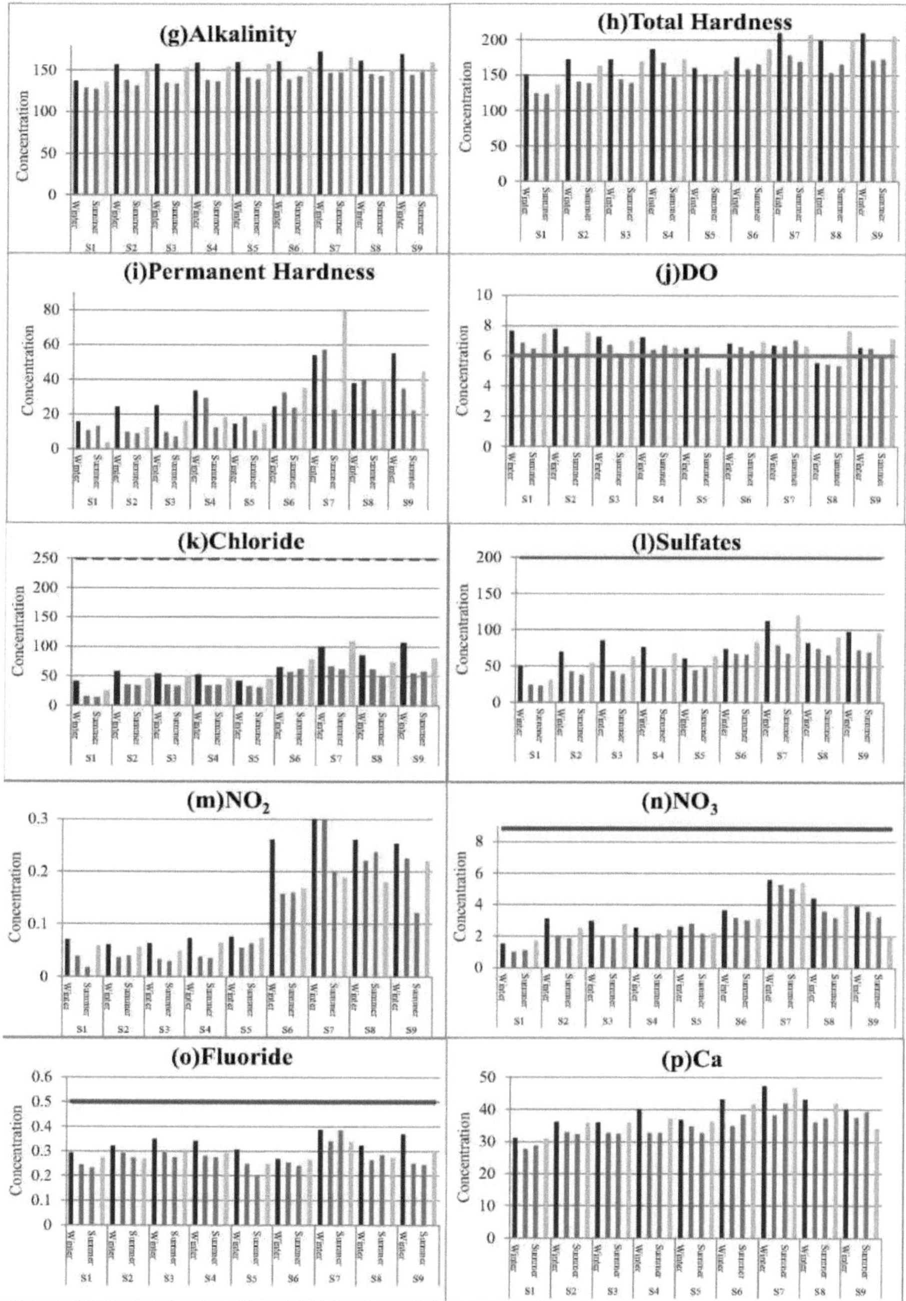
(g)Alkalinity
(h)Total Hardness
(i)Permanent Hardness
(j)DO
(k)Chloride
(l)Sulfates
(m)$NO_2$
(n)$NO_3$
(o)Fluoride
(p)Ca
Concentration
Winter
Summer
S1
S2
S3
S4
S5
S6
S7
S8
S9

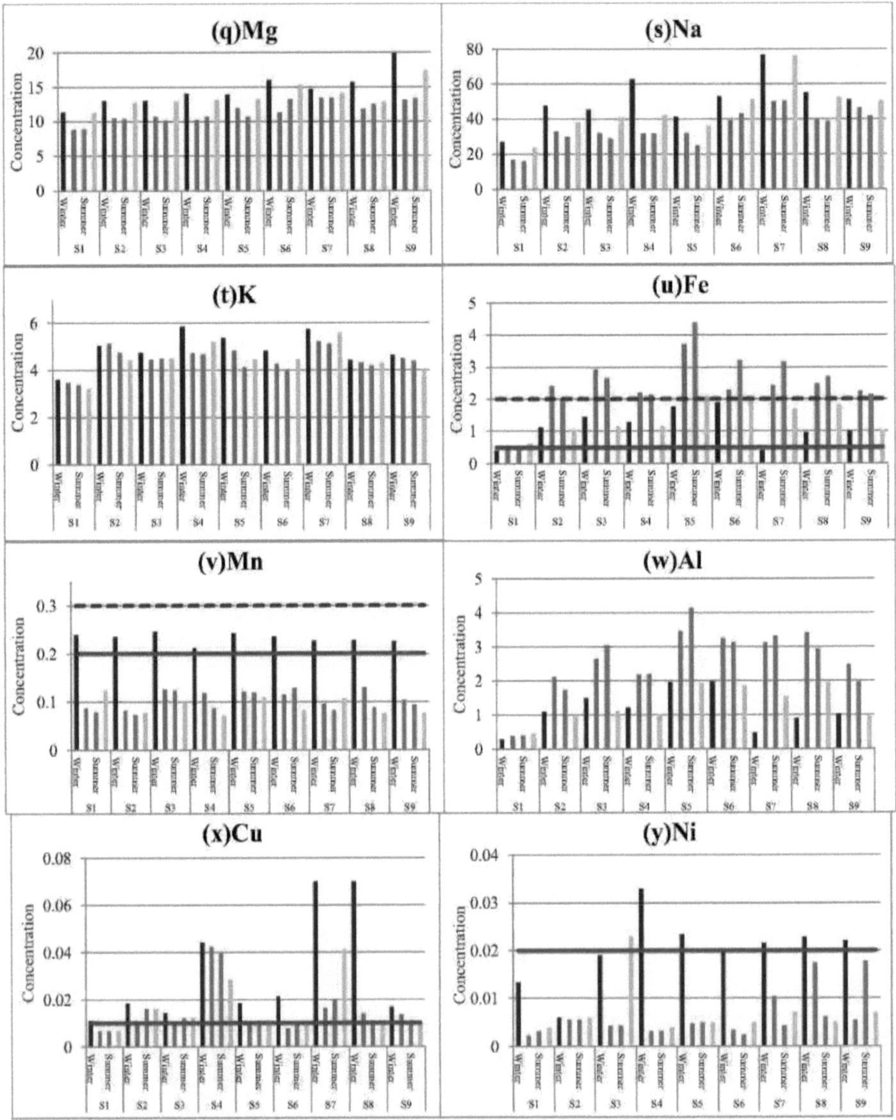
(q)Mg
(s)Na
(t)K
(u)Fe
(v)Mn
(w)Al
(x)Cu
(y)Ni
Concentration
Winter
Summer
S1
S2
S3
S4
S5
S6
S7
S8
S9

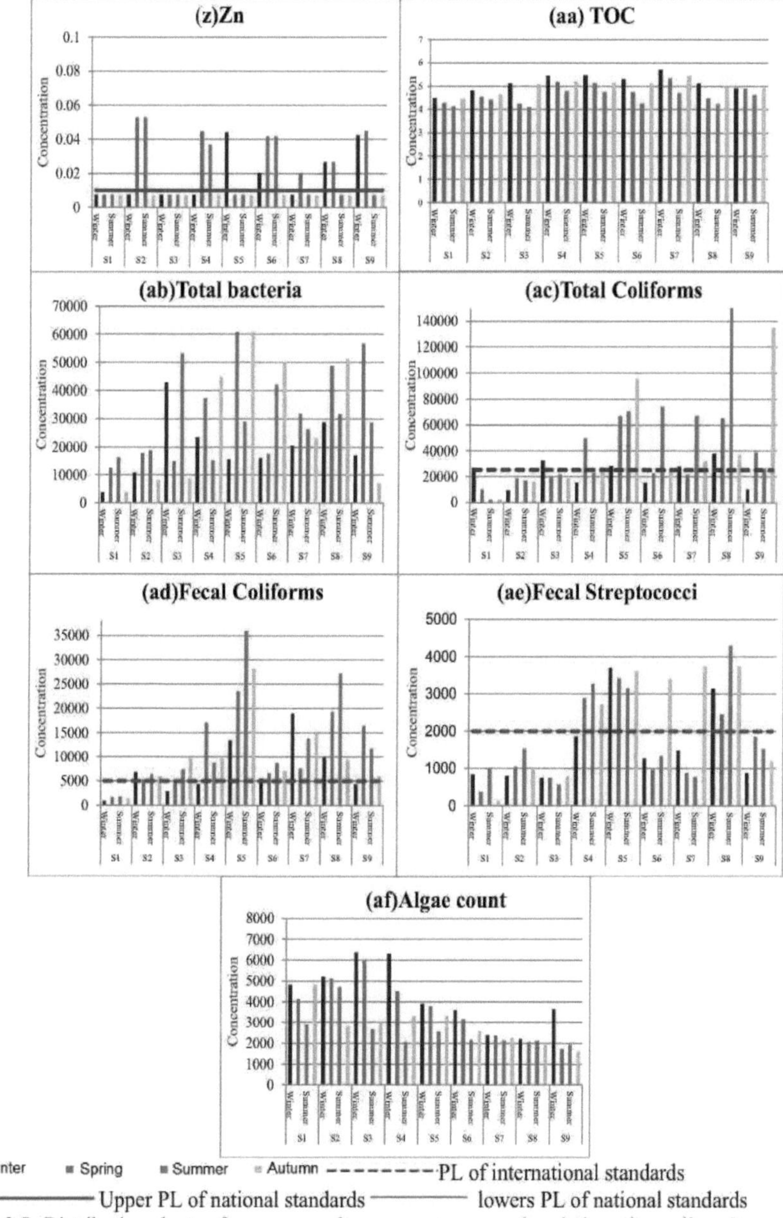


**Fig. 2.5:** Distribution charts of average results represents seasonal variation of sampling sites on water sources compared to their permissible limits of national and international standards.

Em todas as variáveis detectadas, 9 parâmetros (TDS, DO e Fe) ultrapassaram o limite admissível das normas nacionais e internacionais, enquanto que (Mn, Cu, Ni e Zn) ultrapassaram o limite admissível apenas das normas nacionais e a CE e os parâmetros bacteriológicos (TC, FC e FS) ultrapassaram o limite admissível das normas internacionais, não existindo qualquer critério nas normas nacionais para as amostras de água recolhidas em diferentes locais de estudo (S1 a S9) durante o período de estudo de janeiro de 2010 a dezembro de 2015.

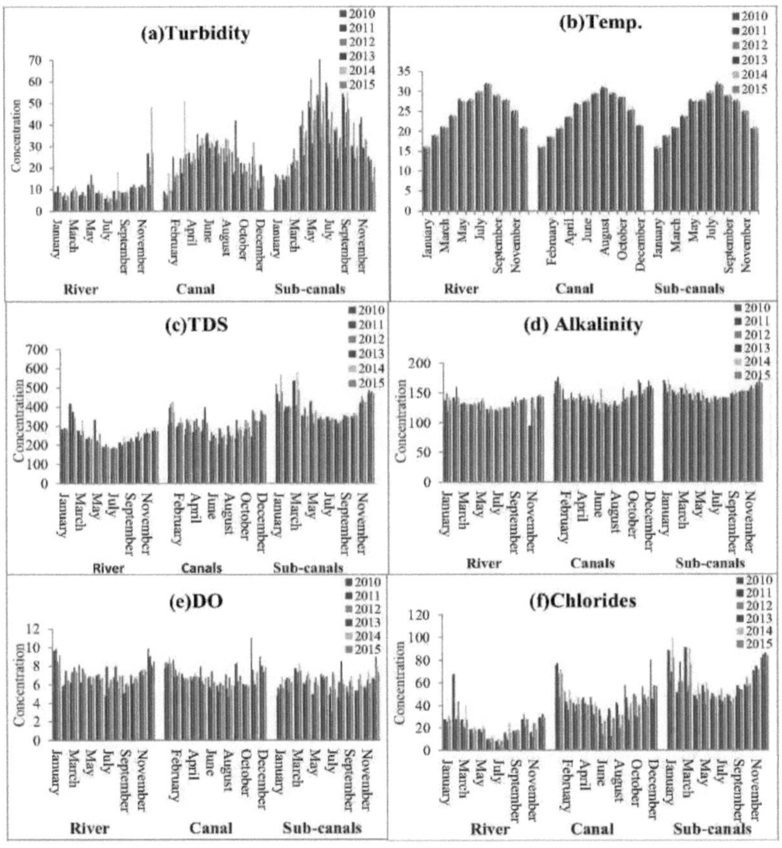

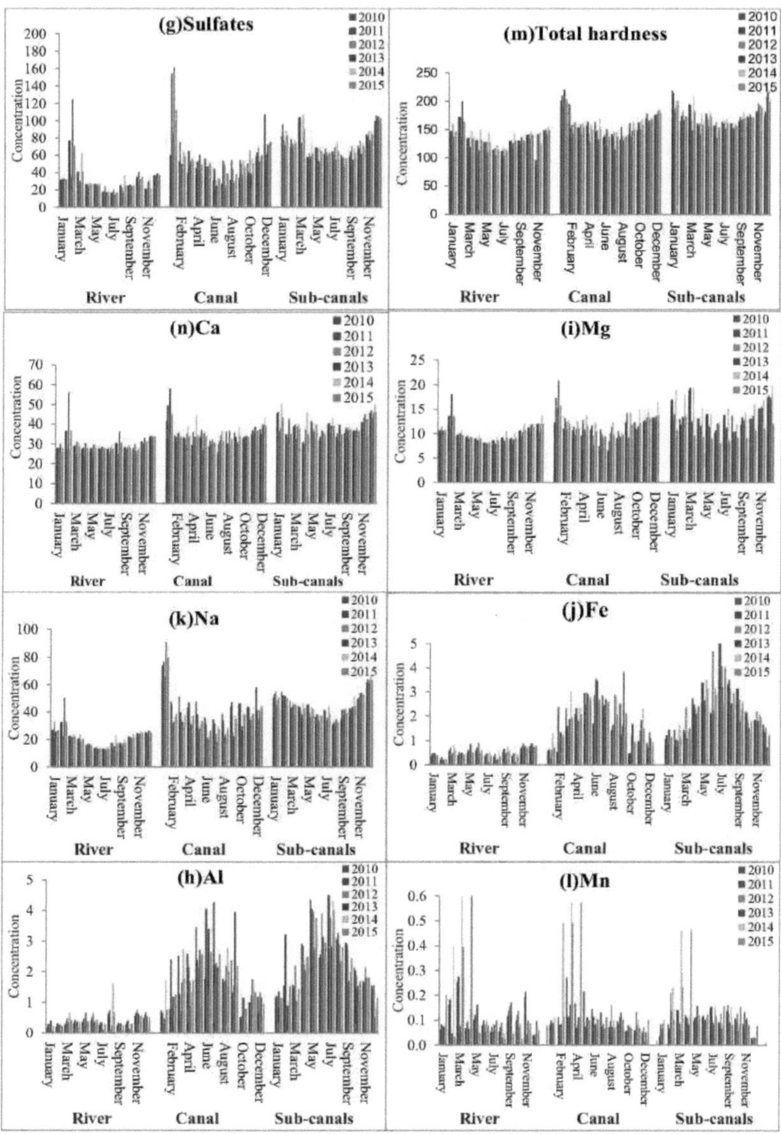


**Fig. 2.6:** Monthly average values of the parameters showing seasonal and spatial variation of canals, sub-canals and river water source.

Color (mg/l Pt/Co)
12.5 - 17.2
17.3 - 21.3
21.4 - 24.6
24.7 - 29.2
29.3 - 34.7
Turbidity (NTU)
10.4 - 16.8
16.9 - 23.1
23.2 - 29.5
29.6 - 35.8
35.9 - 42.1
EC (µS/cm)
425 - 500
501 - 574
575 - 649
650 - 723
724 - 798
TDS (mg/l)
261 - 307
308 - 328
329 - 378
379 - 414
415 - 519
Alkalinity (mg/l)
129.5 - 136.7
136.8 - 141.4
141.5 - 146.2
146.3 - 150.9
151 - 155.6
Total Hardness (mg/l)
131.2 - 145.5
145.6 - 157.4
157.5 - 169.2
169.3 - 181.1
181.2 - 193
DO (mg/l)
5.61 - 5.98
5.99 - 6.21
6.22 - 6.44
6.45 - 6.65
6.66 - 7.1
Chlorides (mg/l)
23.7 - 35
35.1 - 47.2
47.3 - 57
57.1 - 69.5
69.6 - 84.5

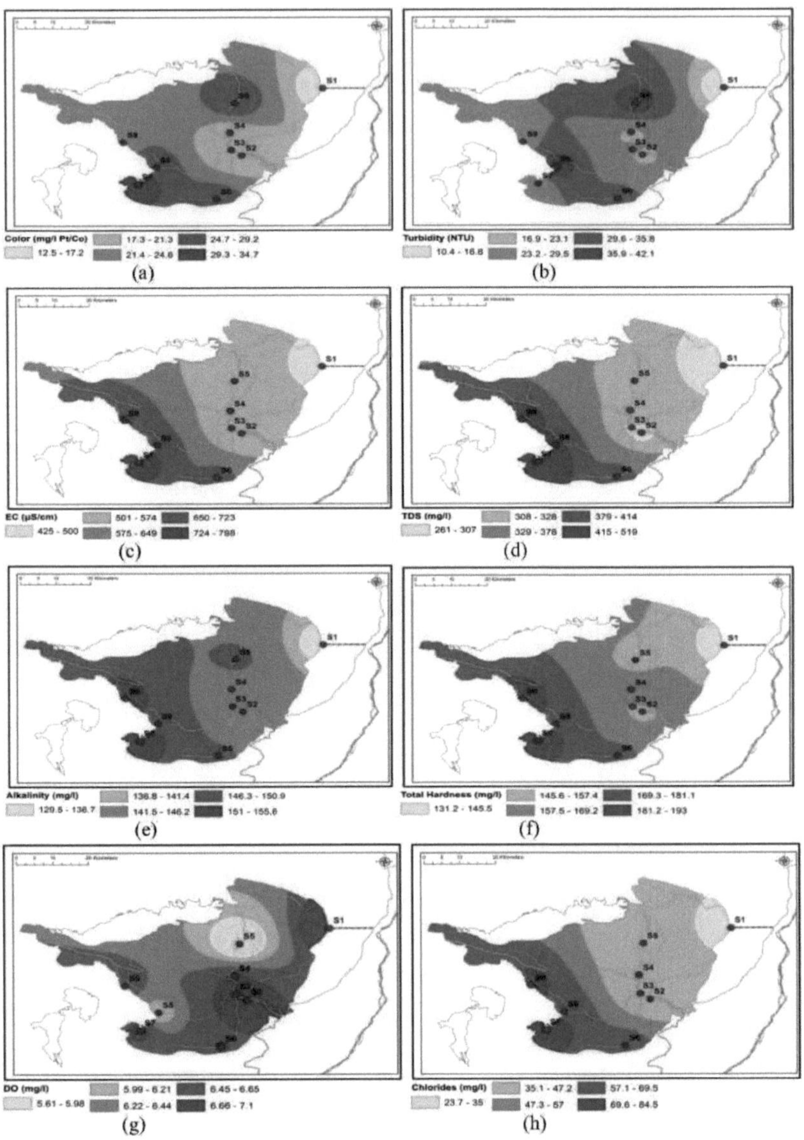

(a) (b) (c) (d) (e) (f) (g) (h)

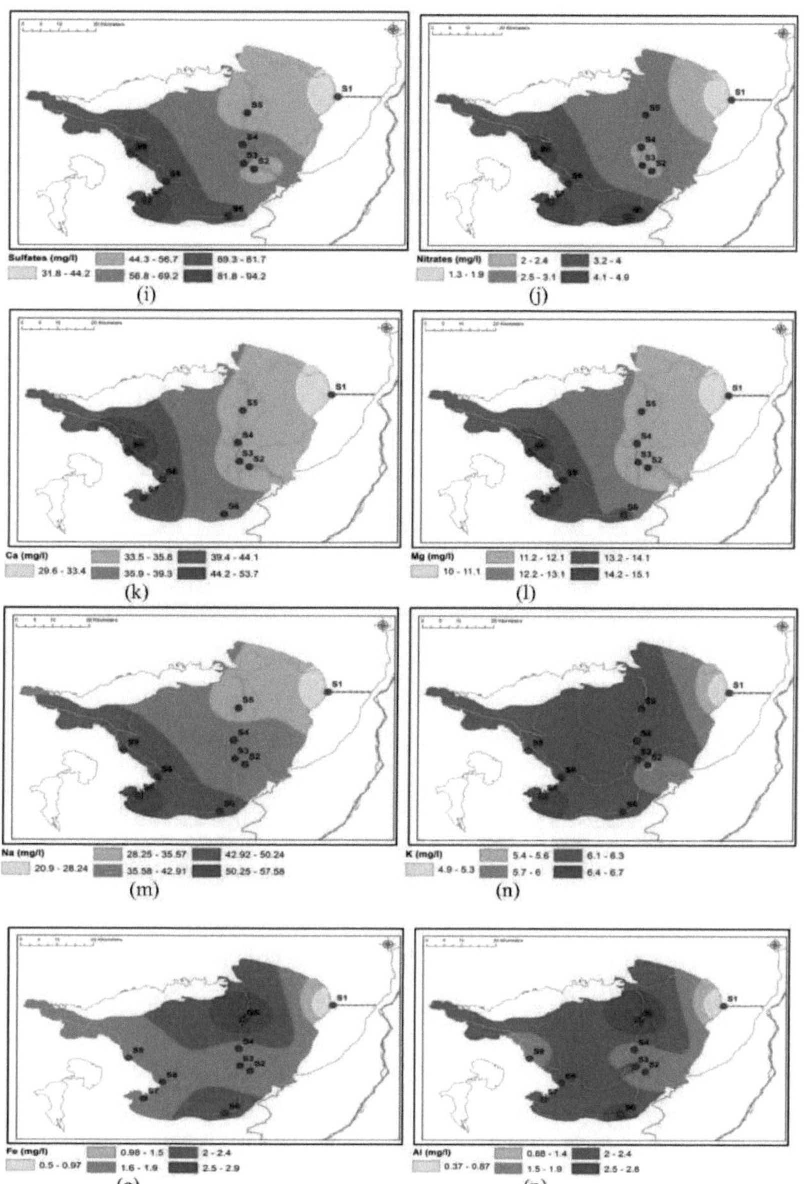
S1
S2
S3
S4
S5
Sulfates (mg/l)
31.8 - 44.2
44.3 - 56.7
56.8 - 69.2
69.3 - 81.7
81.8 - 94.2
(i)
Nitrates (mg/l)
1.3 - 1.9
2 - 2.4
2.5 - 3.1
3.2 - 4
4.1 - 4.9
(j)
Ca (mg/l)
29.6 - 33.4
33.5 - 35.8
35.9 - 39.3
39.4 - 44.1
44.2 - 53.7
(k)
Mg (mg/l)
10 - 11.1
11.2 - 12.1
12.2 - 13.1
13.2 - 14.1
14.2 - 15.1
(l)
Na (mg/l)
20.9 - 28.24
28.25 - 35.57
35.58 - 42.91
42.92 - 50.24
50.25 - 57.58
(m)
K (mg/l)
4.9 - 5.3
5.4 - 5.6
5.7 - 6
6.1 - 6.3
6.4 - 6.7
(n)
Fe (mg/l)
0.5 - 0.97
0.98 - 1.5
1.6 - 1.9
2 - 2.4
2.5 - 2.9
(o)
Al (mg/l)
0.37 - 0.87
0.88 - 1.4
1.5 - 1.9
2 - 2.4
2.5 - 2.8
(p)

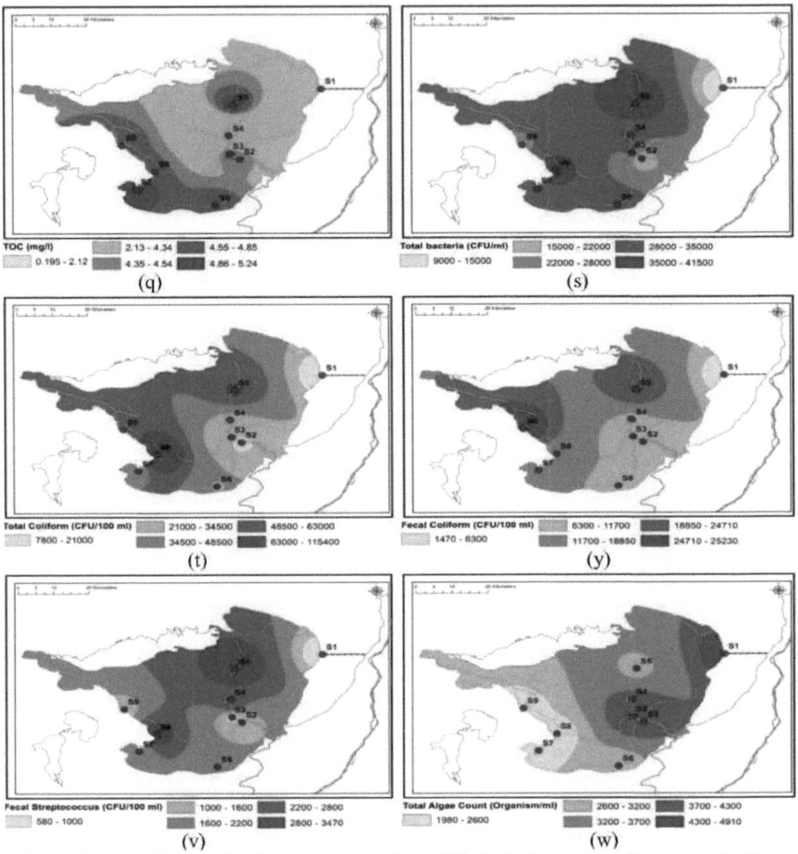

TOC (mg/l)
0.195 - 2.12
2.13 - 4.34
4.35 - 4.54
4.55 - 4.85
4.86 - 5.24
(q)
Total bacteria (CFU/ml)
9000 - 15000
15000 - 22000
22000 - 28000
28000 - 35000
35000 - 41500
(s)
Total Coliform (CFU/100 ml)
7800 - 21000
21000 - 34500
34500 - 48500
48500 - 63000
63000 - 115400
(t)
Fecal Coliform (CFU/100 ml)
1470 - 6300
6300 - 11700
11700 - 18850
18850 - 24710
24710 - 25230
(y)
Fecal Streptococcus (CFU/100 ml)
580 - 1000
1000 - 1600
1600 - 2200
2200 - 2800
2800 - 3470
(v)
Total Algae Count (Organism/ml)
1980 - 2600
2600 - 3200
3200 - 3700
3700 - 4300
4300 - 4910
(w)

**Fig. 2.7:** Mapas de previsão espacial dos parâmetros de qualidade da água que reflectem variações espaciais no rio (S1), canais (S2: S4) e sub-canais (S5: S9).

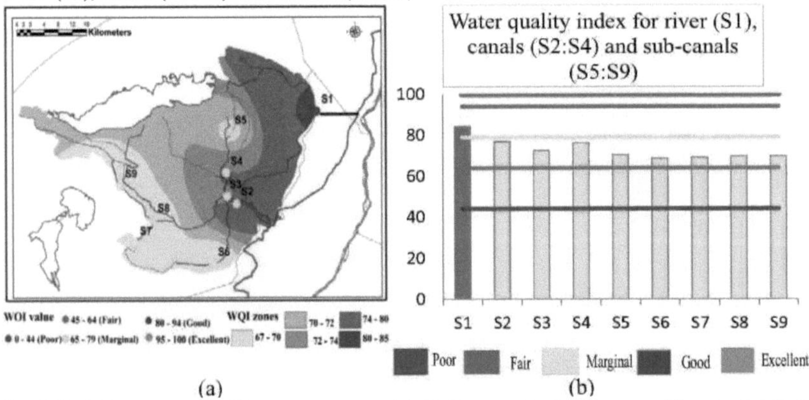

Kilometers
S1
S2
S3
S4
S5
S6
S7
S8
S9
WQI value
WQI zones
(a)
Water quality index for river (S1), canals (S2:S4) and sub-canals (S5:S9)
100
80
60
40
20
0
S1 S2 S3 S4 S5 S6 S7 S8 S9
Poor
Fair
Marginal
Good
Excellent
(b)

**Fig. 2.8:** a) Representação 2D por mapa espacial, b) Representação 1D por gráfico de distribuição, simbolizando o índice de qualidade da água do rio (S1), dos canais (S2:S4) e dos sub-canais (S5:S9).

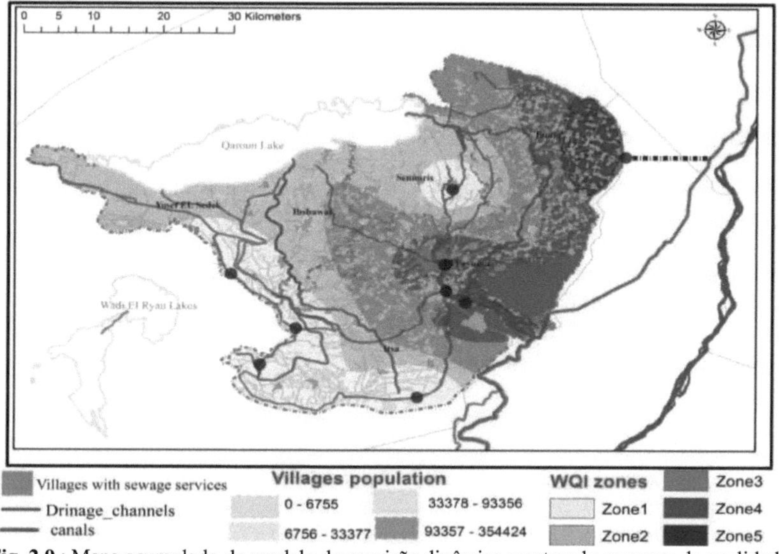


**Fig. 2.9** : Mapa acumulado do modelo de previsão dinâmica mostrando as zonas de qualidade da água e a sua relação com o número de habitantes, a rede de drenagem e as aldeias com serviços de esgotos.

## 2.3.1. Parâmetros físico-químicos

### 2.3.1.1 Cor

A intensidade da cor das amostras de água de superfície varia de 1 a 45 mg/l Pt/Co no rio (S1), de 2 a 85 mg/l Pt/Co nos canais (S2:S4) e de 2 a 145 mg/l Pt/Co nos subcanais (S5:S9). Como se pode ver na Tabela 2.4 e na Fig. 2.7a, a variação espacial mostra claramente que a maior intensidade de cor das águas superficiais recolhidas é observada nos sub-canais, seguida dos canais e, finalmente, do rio. À escala sazonal, as médias mais elevadas de cor em todos os locais de amostragem são registadas durante o inverno (Fig. 2.5a).

### 2.3.1.2. Turbidez

Os valores de turbidez das amostras de água de superfície variam de 4 a 48 NTU no rio (S1), de 2,6 a 65 NTU nos canais (S2:S4) e de 5 a 230 NTU nos sub-canais (S5:S9). Como se pode ver na Tabela 2.4, na Fig. 2.6a e na Fig. 2.7b, a variação espacial revela claramente que a maior concentração de turvação é registada nos sub-canais e nos canais S3, seguida dos canais S2 e S4 e a menor concentração é registada na água recolhida do rio S1. Sazonalmente, as médias mais elevadas de turbidez nos canais e sub-canais são registadas durante o verão (Fig. 2.5b e Fig. 2.6a).

### 2.3.1.3. Temperatura

As temperaturas registadas variam de $15.4$ a $32.1^{0}$ C no rio (S1), de $15.1$ a $31.9^{0}$ C nos canais (S2:S4) e de $15.2$ a $33.95^{0}$ C nos sub-canais (S5:S9). Sazonalmente, a média mais elevada de temperatura registada é observada durante o verão (Fig. 2.5c e Fig. 2.6b). Não se observa nenhum padrão espacial (Tabela 2.4).

### 2.3.1.4. O logaritmo negativo da concentração de iões de hidrogénio (pH)

Os valores de pH das amostras de água de superfície variam de 7,25 a 8,5 no rio (S1), de 7,15 a 8,35 nos canais (S2:S4) e de 6,6 a 8,5 nos sub-canais (S5:S9). Os valores médios não mostraram qualquer padrão espacial (Tabela 2.4) ou variação sazonal (Fig. 2.5d). Todos os resultados estão dentro dos limites permitidos pelas normas nacionais (8,5 < pH > 6,5) e internacionais (9,0 < pH > 5,5).

#### 2.3.1.5. Condutividade eléctrica (CE)

Os valores de CE das amostras de água de superfície variam de 310 a 695 pS/cm no rio (S1), de 353 a 990 pS/cm nos canais (S2:S4) e de 378 a 2073 pS/cm nos sub-canais (S5:S9). Os valores médios mostram que a variação espacial revela que a concentração mais elevada é registada nos sub-canais (S6:S9), especialmente S7, seguida dos sub-canais S5 e depois dos canais (S2:S4) e a concentração mais baixa para a água recolhida no rio S1 (Fig. 2.7c e Tabela 2.4). A variação sazonal é claramente demonstrada durante a estação do verão, que revela os valores médios mais baixos de CE em todos os locais de estudo (Fig. 2.5e). A concentração de CE excede o limite permitido para os sub-canais, exceto S5 (CE < 1000 mg/l), especialmente no inverno.

#### 2.3.1.6. Sólidos totais dissolvidos (TDS)

Os valores de TDS das amostras de águas superficiais variam de 171 a 417 mg/l no rio (S1), de 191 a 499 mg/l nos canais (S2:S4) e de 208 a 1636 mg/l nos sub-canais (S5:S9). A concentração de TDS excede o limite permitido nos sub-canais, exceto em S5 (TDS < 500 mg/l), especialmente no inverno, com uma percentagem total de não conformidade de 14,7% (11% para S6, 15% para S7, 38% para S8 e 8% para S9) (Fig. 2.5f). Como visto na Tabela 2.4, Fig. 2.6c e Fig. 2.7d, o TDS revela que a maior concentração é notada em sub-canais com aumento notável em S7 e S8 seguido por canais (S4) e a menor concentração para a água coletada de canais (S2 e S3) e o rio. A variação sazonal é claramente mostrada durante a estação do verão, que revela os valores médios mais baixos de TDS em todos os locais de estudo (Fig. 2.5f e Fig. 2.6c).

#### 2.3.1.7. Alcalinidade total

A alcalinidade total das amostras de águas superficiais varia entre 94,7 e 160 mg/l no rio (S1), entre 115 e 207 mg/l nos canais (S2:S4) e entre 107 e 202 mg/l nos sub-canais (S5:S9). A variação sazonal é claramente óbvia, com os valores mais elevados de alcalinidade total a prevalecerem durante o inverno em todos os locais de estudo (Fig. 2.5g e Fig. 2.6d). Por outro lado, os valores médios mostram um padrão espacial com a concentração mais elevada nos sub-canais, seguida dos canais e a concentração mais baixa para a água recolhida do rio (Tabela 2.4, Fig. 2.7e).

#### 2.3.1.8. Dureza total como $CaCO_3$

Os valores de dureza total das amostras de águas superficiais variam entre 94,8 e 238 mg/l no rio (S1), entre 110 e 408,6 mg/l nos canais (S2:S4) e entre 78,6 e 395 mg/l nos sub-canais (S5:S9). Sazonalmente, os valores médios mais elevados são registados durante o inverno em todos os locais de estudo (Fig. 2.5h e Fig. 2.6m). Por outro lado, os valores médios da dureza total mostram um padrão espacial com a concentração mais elevada nos sub-canais, seguida dos canais e a concentração mais baixa para a água recolhida do rio (Tabela 2.4 e Fig. 2.7f).

#### 2.3.1.9. Dureza permanente

Os valores de dureza permanente das amostras de águas superficiais variam de 0 a 101 mg/l no rio (S1), de 0 a 283,6 mg/l nos canais (S2:S4) e de 0 a 196 mg/l nos subcanais (S5:S9). Os valores médios não apresentaram qualquer padrão espacial (Tabela 2.4). Os valores mais elevados de dureza permanente predominam claramente durante o inverno (Fig. 2.5i).

#### 2.3.1.10. Dureza cálcica (dureza Ca)

Os valores de dureza de Ca das amostras de águas superficiais variam de 41 a 141 mg/l no rio (S1), de 49 a 235 mg/l nos canais (S2:S4) e de 24 a 174 mg/l nos sub-canais (S5:S9). Os valores médios não mostram qualquer padrão sazonal, enquanto a variação espacial é revelada com a concentração mais elevada nos sub-canais (S5:S9), seguida dos sub-canais S5 e dos canais (S2:S4) e a concentração mais baixa para a água recolhida do rio (S1) (Quadro 2.4).

### 2.3.1.11. Dureza do magnésio (dureza Mg)

Os valores de dureza de Mg das amostras de água de superfície variam de 20 a 97,8 mg/l no rio (S1), de 37 a 131,8 mg/l nos canais (S2:S4) e de 20 a 364 mg/l nos subcanais (S5:S9). Os valores médios não apresentam um padrão sazonal, mas mostram uma variação espacial, uma vez que a concentração mais elevada se regista nos subcanais (S5:S9), seguida do subcanal S5 e dos canais (S2:S4) e a concentração mais baixa na água recolhida no rio S1 (Tabela 2.4).

### 2.3.1.12. Oxigénio dissolvido (DO)

Os valores de DO das amostras de água recolhidas variam de 4,7 a 9,8 mg/l no rio (S1), de 4,0 a 13 mg/l nos canais (S2:S4) e de 1,0 a 10,5 mg/l nos sub-canais (S5:S9). A concentração de DO não está em conformidade com o limite permitido (DO não inferior a 6 mg/l) com uma percentagem de 13% para o rio, 28% para os canais e 26% para os sub-canais (Fig. 2.5j). Como se pode ver na Tabela 2.4 e na Fig. 2.7g, os valores mais baixos da concentração de DO são registados nos sub-canais, especialmente em S5, seguidos pelos canais e a concentração mais elevada é registada na água recolhida do rio. Durante o verão, os valores médios de DO diminuem geralmente, como se pode ver na Fig. 2.5j e na Fig. 2.6e.

## 2.3.2. Aniões principais

### 2.3.2.1. Cloretos (Cl)

Os valores de Cl das amostras de água de superfície variam de 4,0 a 147,6 mg/l no rio (S1), de 9,0 a 172,6 mg/l nos canais (S2:S4) e de 4,8 a 339,6 mg/l nos sub-canais (S5:S9). Como se pode ver na Tabela 2.5, Fig. 2.6f e Fig. 2.7h, espacialmente a maior concentração de Cl é registada nos sub-canais, seguida dos canais e a menor concentração é medida na água recolhida do rio. A estação de inverno apresenta os valores médios mais elevados de Cl em todos os locais de estudo, estando todos os valores abaixo do limite admissível das normas internacionais ($Cl < 250$ mg/l) (Fig. 2.5k e Fig. 2.6f).

### 2.3.2.2. Sulfatos ($SO_4$)

Os valores de $SO_4$ das amostras de água de superfície variam de 3 a 154,7 mg/l no rio (S1), de 17,9 a 200 mg/l em ambos os canais (S2:S4) e sub-canais (S5:S9). A distribuição regional da concentração de $SO_4$ mostra a maior concentração nos sub-canais, seguida dos canais e a menor concentração nas amostras de água do rio (Tabela 2.5, Fig. 2.6g e Fig. 2.7i). A variação sazonal é claramente demonstrada, uma vez que os valores médios mais elevados em todos os locais de estudo são registados durante o inverno, sendo todos os resultados detectados abaixo dos limites admissíveis das normas nacionais e internacionais ($SO_4 <200$ mg/l) (Fig. 2.5l e Fig. 2.6g).

### 2.3.2.3. Nitritos como $(NO)_2$

Os valores de $NO_2$ das amostras de águas superficiais variam de 0,001 a 0,27 mg/l no rio (S1), de 0,001 a 0,34 mg/l nos canais (S2:S4) e de 0,02 mg/l a 2,23 mg/l nos subcanais (S5:S9). Os valores médios não revelaram qualquer padrão espacial (Tabela 2.5). A variação sazonal é claramente visível durante o inverno, com os valores médios mais elevados em todos os locais de estudo (Fig. 2.5m).

#### 2.3.2.4. Nitratos como (NO )3

A concentração de $NO_3$ nas amostras de águas superficiais varia de 0,1 a 6,17 mg/l no rio (S1), de 0,4 a 7 mg/l nos canais (S2:S4) e de 0,1 a 8,8 mg/l nos sub-canais (S5:S9). A concentração de $NO_3$ em todos os locais de estudo está abaixo do limite permitido pelas normas nacionais ($NO_3$ <8,8 mg/l) e internacionais ($NO_3$ <50 mg/l). Os valores médios mostram uma variação espacial em que a maior concentração é registada nos sub-canais, seguida dos canais e a menor concentração é registada nas amostras de água do rio (Fig. 2.7j e Tabela 2.5). O padrão sazonal mostra valores médios mais elevados durante o inverno (Fig. 2.5n).

#### 2.3.2.5. Fluoretos (F)

A concentração de F nas amostras de águas superficiais varia entre 0,04 e 0,5 mg/l no rio (S1), entre 0,02 e 0,5 mg/l nos canais (S2:S4) e entre 0,01 e 0,5 mg/l nos sub-canais (S5:S9). A concentração de F em todos os locais de estudo está abaixo do limite permitido pelas normas nacionais (F< 0,5 mg/l) e internacionais (F<1,7 mg/l). Os valores médios não revelaram qualquer padrão espacial (Quadro 2.5). A variação sazonal é claramente visível durante o inverno, que revela os valores médios mais elevados de F em todos os locais de estudo (Fig. 2.5o).

### 2.3.3. Catiões principais

#### 2.3.3.I. Cálcio (Ca)

A concentração de Ca nas amostras de águas superficiais varia entre 23,6 e 56,2 mg/l no rio (S1), entre 23 e 82 mg/l nos canais (S2:S4) e entre 12 e 61 mg/l nos sub-canais (S5:S9). À escala espacial, a concentração mais elevada de Ca é registada nos sub-canais, especialmente em S9, seguida das amostras dos canais e do rio (Quadro 2.6 e Fig. 2.7k). Sazonalmente, a concentração mais elevada de Ca prevalece durante o inverno em toda a área (Fig. 2.5p e Fig. 2.6n).

#### 2.3.3.2. Magnésio (Mg)

Os valores de Mg das amostras de águas superficiais variam de 7,8 a 18 mg/l no rio (S1), de 1,4 a 32 mg/l nos canais (S2:S4) e de 2 a 61,3 mg/l nos sub-canais (S5:S9). À escala espacial, a concentração mais elevada regista-se nos sub-canais, seguindo-se os canais e as amostras de rio (Tabela 2.6 e Fig. 2.7l). Sazonalmente, a maior concentração de Mg prevalece durante o inverno em toda a área (Fig. 2.5q e Fig. 2.6i).

#### 2.3.3.3. Sódio (Na)

Os valores de Na das amostras de água recolhidas variam de 12,5 a 50 mg/l no rio (S1), de 15 a 162 mg/l nos canais (S2:S4) e de 15,4 a 135 mg/l nos sub-canais (S5:S9). À escala espacial, a maior concentração de Na é registada nos sub-canais, seguida dos canais e do rio (Tabela 2.6 e Fig. 2.7m). Os valores médios mais baixos de Na são dominados durante o verão e atingem o máximo no inverno em todos os locais de estudo (Fig. 2.5s e Fig. 2.6k).

#### 2.3.3.4. Potássio (k)

A concentração de K nas amostras de águas superficiais varia de 2,63 a 6,9 mg/l no rio (S1), de 2 a 9 mg/l nos canais (S2:S4) e de 2,64 a 8,23 mg/l nos sub-canais (S5:S9). Na escala espacial, a maior concentração de K é observada nos canais, seguida pelos sub-canais e pelo rio (Tabela 2.6 e Fig. 2.7n). Os valores médios mais elevados de K são dominados durante o inverno em todos os locais de estudo (Fig. 2.5t).

### 2.3.4. Metais

#### 2.3.4.1. Ferro (Fe)

A concentração de Fe nas amostras de águas superficiais varia de 0,12 a 0,89 mg/l no rio (S1), de 0,08 a 7,3 mg/l nos canais (S2:S4) e de 0,17 a 9,7 mg/l nos subcanais (S5:S9). A concentração de Fe excede o limite permitido pelas normas nacionais (Fe <0,5 mg/l) e internacionais (Fe <2,0 mg/l) em todos os locais de estudo, com uma percentagem de 38% para o rio, 20% para os canais e 87% para os sub-canais. Espacialmente, a concentração mais elevada de Fe é registada nas amostras dos sub-canais, especialmente S5, seguida das amostras dos canais e do rio (Quadro 2.7 e Fig. 2.7o). À escala sazonal, a concentração mínima de Fe prevalece durante o inverno e atinge o máximo no verão, sobretudo nos canais e sub-canais (Fig. 2.5u e Fig. 2.6j).

### 2.3.4.2. Manganês (Mn)

A concentração de Mn nas amostras de águas superficiais varia de 0,02 a 0,63 mg/l no rio (S1), de 0,001 a 0,61 mg/l nos canais (S2:S4) e de 0,002 a 0,77 mg/l nos sub-canais (S5:S9). A concentração de Mn excedeu o limite admissível das normas nacionais (Mn <0,2 mg/l) enquanto que abaixo do limite admissível das normas internacionais (Mn <0,3 mg/l) em todos os locais de estudo, o incumprimento apenas foi registado na estação do inverno com uma percentagem de 13% na água do rio, 10% nos canais e 13% nas amostras de água dos sub-canais. No entanto, as concentrações médias de Mn não mostraram qualquer padrão espacial (Tabela 2.7), a sua variação sazonal é claramente mostrada onde a maior concentração é registada durante o inverno em todos os locais de estudo, (Fig. 2.5v e Fig. 2.6l).

### 2.3.4.3. Alumínio (Al)

Os valores de Al das amostras de água de superfície variam de 0,06 a 1,6 mg/l no rio (S1), de 0,15 a 8,4 mg/l nos canais (S2:S4) e de 0,01 a 9,78 mg/l nos sub-canais (S5:S9). Espacialmente, a concentração mais elevada de Al é registada nos sub-canais, seguida dos canais, especialmente S3, e a concentração mais baixa é registada na água recolhida do rio (Quadro 2.7, Fig. 2.6h e Fig. 2.7p). Durante o inverno, as concentrações médias de Al registam os seus valores mínimos e atingem o máximo no verão (Fig. 2.5w e Fig. 2.6h).

### 2.3.4.4. Cobre (Cu)

Os valores de Cu das amostras de águas superficiais variam de UDL a 0,03 mg/l no rio (S1), de UDL a 0,18 mg/l nos canais (S2:S4) e de UDL a 0,21mg/l nos sub-canais (S5:S9). A concentração média de Cu excede o limite admissível das normas nacionais em todos os locais de estudo (Cu <0,01 mg/l) com uma percentagem de 18% no rio, 32% nos canais e 18% nas amostras de água dos sub-canais, enquanto os resultados são detectados abaixo do limite admissível das normas internacionais em todos os locais de estudo (Cu <0,1 mg/l). O valor médio não mostrou qualquer variação espacial (Quadro 2.7). O padrão sazonal mostra um aumento da concentração de Cu no inverno (Fig. 2.5x).

### 2.3.4.5. Níquel (Ni)

Os valores de Ni das amostras de águas superficiais variam de UDL a 0,01 mg/l no rio (S1), de UDL a 0,05 mg/l nos canais (S2:S4) e de UDL a 0,05 mg/l nos sub-canais (S5:S9). A concentração média de Ni ultrapassa o limite admissível das normas nacionais (Ni <0,02 mg/l) nos canais (S3,S4) e sub-canais (S6,S7,S9) com uma percentagem de 1% nos canais e 3% nas amostras dos sub-canais, enquanto não ultrapassa o limite admissível das normas internacionais (Ni <0,07 mg/l). O padrão sazonal mostra um aumento da concentração de Ni no inverno. O valor médio não mostrou qualquer padrão espacial (Fig. 2.5y e Tabela 2.7).

### 2.3.4.6. Zinco (Zn)

A concentração de Zn está abaixo do limite de deteção na água do rio (S1), mas varia de UDL a 0,07 mg/l nos canais (S2:S4) e de UDL a 0,43 mg/l nos sub-canais (S5:S9). As concentrações de Zn ultrapassam o limite admissível das normas nacionais (Zn <0,01 mg/l) nos canais e sub-canais com uma percentagem de 17% nos canais e 11% nos sub-canais

(Fig. 2.5z) mas ainda abaixo do limite admissível das normas internacionais (Zn <3 mg/l). O valor médio não mostrou qualquer padrão espacial ou sazonal (Fig. 2.5z e Quadro 2.7).

### 2.3.4.7. Chumbo, Cádmio, Arsénio, Crómio, Cobalto, Estrôncio, Bário, Titânio e Vanádio

As concentrações médias de Sr, Ba, Ti e V, como se mostra no Quadro 2.7, não registaram quaisquer variações espaciais ou sazonais. As concentrações de Pb, Cd, As, Cr e Co estão abaixo do limite de deteção do instrumento (Pb = 0,0017, Cd = 0,00016, As = 0,0026, Cr = 0,00057 e Co = 0,0013). Todos os resultados relativos aos metais estão abaixo dos limites admissíveis das normas nacionais e internacionais.

## 2.3.5. Parâmetro orgânico

### 2.3.5.1. Carbono orgânico total (TOC)

Os valores de COT das amostras de águas superficiais variam de 3,5 a 4,99 mg/l no rio (S1), de 3,78 a 5,9 mg/l nos canais (S2:S4) e de 3,5 a 6,3 mg/l nos sub-canais (S5:S9).
Como se pode ver na Tabela 2.7 e na Fig. 2.7q, espacialmente a maior concentração de COT é registada nos sub-canais, seguida dos canais e a menor concentração é medida na água recolhida do rio. A estação de inverno apresenta os valores médios mais elevados de COT em todos os locais de estudo (Fig. 2.5aa).

## 2.3.6. Parâmetros bacteriológicos

### 2.3.6.1. Contagem padrão de placas heterotróficas (SHPC) (Bactérias totais (TB))

A TB a 35°C em todas as amostras de água recolhidas variou de 260 a 1575*102 CFU/ml na água do rio e de 740 a $83*10^4$ CFU/ml em S4 nos canais e de 300 a $4*10^5$ CFU/ml nas amostras de água dos sub-canais, sem qualquer padrão sazonal (Fig. 2.5ab). A TB mais elevada foi registada em sub-canais e S4, seguida de canais (S2, S3) e amostras de rios (Tabela 2.8 e Fig. 2.7s).

### 2.3.6.2. Coliformes totais (CT)

A CT em todas as amostras de água recolhidas variou de 100 a $37*10^4$ CFU/100ml no rio e de 130 a $7*10^5$ CFU/100ml nos canais e de 300 a $173*10^4$ CFU/100ml nos subcanais (Tabela 2.8). Os resultados dos canais (S3 e S4) e subcanais (S5:S9) excedem os padrões internacionais (CT< 25000 CFU/100ml) com uma percentagem de 85%, sem qualquer padrão sazonal (Fig. 2.5ac). Os resultados mostram uma variação espacial, a maior concentração é registada nos sub-canais, seguida dos canais e a menor concentração é registada na água recolhida do rio (Fig. 2.7t).

### 2.3.6.3. Coliformes fecais (CF)

A FC em todas as amostras de água recolhidas variou de 100 a $3*10^4$ CFU/100ml no rio e de 100 a $74*10^3$ CFU/100ml nos canais e de 100 a $14*10^4$ CFU/100ml nos subcanais. Os resultados dos canais (S2: S4) e subcanais (S5:S9) excedem os padrões internacionais (FC< 5000 CFU/100ml), sem qualquer padrão sazonal (Fig. 2.5ad). A FC mais elevada é registada nos sub-canais, especialmente em S5, seguida das amostras dos canais e dos rios (Quadro 2.8 e Fig. 2.7y)

### 2.3.6.4. Estreptococos fecais (FS)

A FS em todas as amostras de água recolhidas atingiu o máximo de 32*103 CFU/100ml no rio, $56*10^3$ CFU/100ml em S4 nos canais e $3*10^4$ CFU/100ml nos sub-canais. Os resultados do canal (S4) e dos subcanais (S5:S9) excedem a norma internacional (FS< 2000 CFU/100ml) com uma percentagem de 55% de todas as amostras, sem qualquer padrão sazonal (Fig. 2.5ae). O FS mais elevado é registado nos sub-canais e S4, seguido dos canais (S2, S3) e das amostras de rio (Quadro 2.8 e Fig. 2.7v)

### 2.3.7. Parâmetro biológico

#### 2.3.7.1. Contagem total de algas

A contagem total de algas em todas as amostras de água recolhidas variou de 227 a 33400 organismos/ml no rio, de 249 a 17700 organismos/ml nos canais, e de 116 a 16000 organismos/ml nos sub-canais (Tabela 2.8). As algas mostram a contagem mais baixa nos sub-canais com um decréscimo óbvio em S5, seguido dos canais e a concentração mais alta está na água recolhida do rio (Tabela 2.8 e Fig. 2.7w). O padrão sazonal é mostrado pelo aumento da biomassa de algas no inverno (Fig. 2.5af).

### 2.3.8. Índice de qualidade da água (IQA)

De acordo com o cálculo do IQA (Tabela 2.8 e Fig. 2.8b), é evidente que o S1 é classificado como água de superfície de boa qualidade, enquanto que o S2:S9 é classificado como água de superfície de qualidade razoável. O padrão espacial (Fig. 2.8a) mostra um aumento notável do índice de qualidade da água no rio, seguido pelos canais e depois pelos sub-canais. De acordo com o modelo de previsão espacial do IQA, o mapa final diferencia as águas de superfície em cinco zonas, com uma qualidade de água mais elevada na zona 5 e depois uma degradação para uma qualidade de água mais baixa na zona 1 (Fig. 2.9).

## 2.4. Discussão

Todos os resultados são comparados com os limites das normas nacionais de água para os recursos hídricos no Egipto, conforme mencionado na lei egípcia 48/1982 e na sua alteração n.º 92/2013, artigo 49.º, para além da norma internacional da qualidade da água exigida para as águas superficiais utilizadas como água potável (EPA, 2001) e (OMS, 2011).

### 2.4.1 Variação sazonal dos parâmetros das águas superficiais

De acordo com o Ministério dos Recursos Hídricos e da Irrigação (2015), a quantidade total de água que entra na província de El Fayoum atinge zero durante o encerramento da barragem de El-Lahun em janeiro, no período de seca, e depois aumenta até atingir o máximo em julho, diminuindo depois em agosto devido às cheias e ao armazenamento de água no Lago Nasser e aumentando novamente em setembro, o que poderia explicar a tendência inversa observada em todos os resultados químicos de cada ano em setembro.

O aumento notável observado da cor, CE, TDS, alcalinidade total, dureza total e dureza permanente no inverno pode ser explicado pelo baixo caudal de água com uma descarga contínua de águas residuais domésticas e de drenagem para a fonte de água. A turbidez aumentou no verão devido ao elevado caudal de água que resultou da lixiviação de argila dos terrenos agrícolas em ambos os lados da fonte de água. O baixo caudal de água no inverno leva à precipitação de argilas durante esse período de seca e, consequentemente, a uma diminuição acentuada dos valores de turvação, resultados semelhantes aos de Rajkumar et al. (2012), que explicam o aumento da turvação pela drenagem agrícola, que lixivia os contaminantes do solo com um caudal elevado no verão.

As mudanças de temperatura dependem principalmente das condições climáticas, das horas de amostragem e do número de horas de sol (APHA, 2012), as temperaturas do ar e da água foram positivamente correlacionadas durante o período estudado, o que indica que a temperatura da água é afetada apenas pela temperatura do ar ambiente, o que aponta para a ausência de qualquer fonte de poluição das águas termais. No que diz respeito ao DO, este aumenta no inverno devido ao crescimento intensivo de plumas de algas nos canais de água, produzindo $O_2$ através do processo de fotossíntese. No que diz respeito aos valores de alcalinidade, é óbvio que os locais seleccionados têm uma ligeira variação sazonal. A alcalinidade apresentou valores máximos durante o inverno, o que pode ser explicado pelo baixo caudal nas estações frias, o que pode ser atribuído à temperatura mais baixa do ar e da

água durante as estações mais frias, que afecta as reacções de carbonato, tal como explicado por Abdo (2005). É evidente que a alcalinidade observada é de natureza bicarbonatada, porque os valores de pH registados em todos os locais de estudo durante as diferentes estações são inferiores a 8,5. No caso dos aniões, a concentração máxima de aniões como cloreto, sulfatos, nitratos, nitritos e fluoretos em diferentes locais de amostragem durante a estação de inverno indica que estes pontos estão a receber águas de esgotos e de drenagem de irrigação ricas nestes aniões com baixo caudal no período de seca, tal como adotado por Ravindra et al. (2003). Isto pode ajudar a explicar o aumento do nível de catiões (Ca, Mg, Na e K) no inverno, o que é apoiado pela correlação significativa entre aniões e catiões.
Os valores elevados das concentrações de manganês no inverno revelam o efeito do período de seca. No entanto, o baixo nível da água e o movimento lento da corrente de água facilitariam a excreção de manganês das plantas aquáticas mortas, para além da dissolução dos sedimentos de manganês e a sua libertação para a água durante a primavera (Abdo, 2002). Os valores mais baixos de manganês durante o verão e o outono podem ser atribuídos à remoção de manganês da fase aquosa para a fase sólida durante a precipitação de Mn como MnO2 ou pela sua adsorção em partículas em suspensão, para além do efeito de diluição do período de cheia (Abdo, 2002).
Os valores máximos de Fe e Al foram registados durante as estações do verão e do outono, que são acompanhadas por um aumento das quantidades e do fluxo de água. Este aumento dos valores poderia ser explicado pelo aumento dos níveis de sais de sulfato de Al como coagulante (dose de Alum) nas estações de tratamento de água potável no verão, devido ao aumento da turbidez e à eliminação das lamas de tratamento que contêm uma elevada concentração de Al e Fe, que são considerados poluentes do tratamento da água (OMS, 2011). Além disso, o aumento observado de Fe durante o verão pode ser explicado pela dissolução dos sedimentos e pela libertação de ferro para a água sobrejacente com um caudal elevado.
O aumento observado no nível de Cu em diferentes locais de amostragem durante o inverno pode ser explicado pelos elevados níveis de cobre que podem entrar na água devido à drenagem de irrigação nas fontes de água (ATSDR, 2004). Hassouna (2014) registou um aumento semelhante da concentração de cobre no inverno. Este aumento dos valores de cobre nas estações frias pode ser atribuído à adsorção de cobre por material húmico (El-Haddad, 2005). Por outro lado, a diminuição dos valores de cobre durante as estações quentes pode dever-se à remoção do cobre da água pela absorção do fitoplâncton ou pode dever-se à sua adsorção na matéria em suspensão, fazendo complexos com a matéria orgânica e deixando o compartimento da água para o sedimento (El-Haddad, 2005).
Relativamente ao aumento do Ni no inverno, Hassouna (2014) afirmou que o aumento da concentração de níquel no inverno pode ser atribuído à diminuição dos níveis de água e ao aumento da degradação da maioria dos organismos aquáticos e da matéria orgânica. Assim, pode aumentar devido a esgotos sanitários em vez de drenagem de irrigação noutras fontes de água e à existência permanente de jacinto de água. No que diz respeito aos caracteres orgânicos das águas de superfície, o COT apresenta a concentração mais elevada no inverno, o que pode ser explicado pelo aumento da poluição orgânica no período de seca e pela diminuição com a diluição na estação húmida, resultados semelhantes aos de Jianrong Wei et al. (2010) e Ibrahim H. e Abu-Shanab M. (2013), que referiram que a variação do valor médio do nível de COT foi inverno > outono > primavera > verão na água bruta.
Relativamente aos parâmetros bacteriológicos, observou-se que não existe uma variação sazonal considerável. As contagens elevadas de bactérias na primavera e no verão podem ser atribuídas à temperatura elevada e às águas residuais descarregadas durante estas

estações, ao passo que as contagens elevadas no inverno e no outono podem ser atribuídas ao baixo caudal de água e à descarga contínua de águas residuais, estando estes resultados de acordo com os resultados comunicados por Shivayogimath et al. (2012). No que diz respeito às algas em suspensão, o aumento notável da sua contagem no inverno e na primavera pode ser explicado pelo baixo caudal de água e pela baixa turvação, que favorecem o crescimento de algas. Uma explicação semelhante foi comunicada por Mostafa (2014), que relatou um aumento semelhante da contagem de algas em épocas de seca.

### 2.4.2. Variação espacial dos parâmetros das águas superficiais

No presente estudo, verificou-se uma variação espacial das propriedades físico-químicas das águas de superfície recolhidas em diferentes locais de amostragem. A cor, a turvação, a CE, o TDS, a alcalinidade total e a dureza total apresentaram os níveis mais elevados nos sub-canais, seguidos dos canais, enquanto os níveis mais baixos foram registados no rio, o que pode ser explicado pelo baixo caudal de água com exposição a longa distância às fontes de descarga de poluição. A tendência oposta foi registada para o DO, que foi o mais elevado no rio, seguido dos canais e sub-canais, o que pode estar relacionado com a elevada concentração de matéria orgânica associada ao aumento da drenagem de esgotos nos sub-canais. Essa drenagem evoca a atividade bacteriana aeróbica que resulta na diminuição do nível de OD. O esgotamento do OD é uma forte evidência de deterioração bacteriana da água e isso foi fortemente demonstrado em mapas espaciais de OD e parâmetros bacteriológicos em S5, que tinha baixa concentração de OD e alta concentração de parâmetros bacteriológicos. El-Sherbini et al. (1997) referiram que a depleção do OD provoca condições ambientais desfavoráveis em que as bactérias aeróbias são substituídas por bactérias anaeróbias, levando à deterioração da água e a odores desagradáveis devido à produção de gases H2S, NH3 e CH4.

O aumento dos valores registados de Cl, SO4, NO3, Ca, Mg, Na e TOC nos locais de amostragem dos sub-canais seguidos dos canais e do rio pode ser explicado pelo baixo caudal e pela elevada descarga de esgotos e drenagem com o aumento da distância. O Cl ocorre naturalmente em todos os tipos de águas, a sua elevada concentração indica a ocorrência de resíduos orgânicos animais ou poluentes industriais (Mostafa et al., 2014). O nível de Ca nas águas de superfície também foi correlacionado com a descarga de esgotos à distância, tal como mencionado por Sarita Verma (2009). Entretanto, o aumento observado nos níveis de K nos sub-canais, seguido dos canais e do rio, pode ser explicado pelo aumento da descarga de poluentes na fonte de água. A concentração de Fe seguiu o mesmo padrão que a de K, devido ao aumento da descarga de esgotos que lixivia sedimentos contendo Fe para a água, conforme mencionado por Hassouna et al. (2014). O COT apresenta a concentração mais elevada no rio, o que pode ser explicado pela diminuição da concentração com a diluição devido ao caudal elevado, tal como constatado por Jianrong Wei et al. (2010), que registaram uma diminuição do COT com o caudal elevado.

No que diz respeito à tendência dos níveis de AL, que mostra a maior concentração nos sub-canais, seguida dos canais e do rio, foram registados resultados semelhantes por Abdel Wahed et al. (2015), que explicaram o aumento da concentração de Al na água de superfície pela aplicação de sais de sulfato de Al como coagulante nas estações de tratamento de água potável e a eliminação das lamas ao longo das margens dos canais de água potável e de irrigação. Os níveis de Al na água potável devem ser seriamente considerados devido à sua possível associação com a doença de Alzheimer (OMS, 2010). O aumento registado dos níveis de Ni nos canais (S3 e S4) e sub- pode ser atribuído à diminuição dos níveis de água e ao aumento da degradação dos organismos aquáticos e da matéria orgânica (Hassouna, 2014). O aumento observado de Zn nos canais e sub-canais pode ser devido à drenagem de irrigação que lixivia Zn para as fontes de água com baixo fluxo (Hassouna, 2014). Relativamente ao Cu, o aumento de Cu nos canais e sub-canais foi apoiado por Hassouna (2014), que explicou esse aumento pela adsorção de cobre por material húmico.

No que diz respeito aos parâmetros bacteriológicos, existem bactérias TB, TC, FC e FS substancialmente elevadas no canal S4 e nos subcanais devido ao aumento das actividades agrícolas e à drenagem intensiva de águas residuais, tendo sido relatados resultados semelhantes por Abd el Wahed et al. (2015). TB e FS registados no canal S4 foram mais elevados do que os seus valores relevantes nos canais S2 e S3, o que pode ser atribuído ao crescimento observado de jacinto na superfície da água do canal S4, que representa um ambiente fértil para o crescimento bacteriano. Entretanto, o aumento de coliformes fecais em S5 pode estar relacionado com a descarga intensiva de esgotos de actividades humanas em torno da fonte de água.

A análise bacteriológica é considerada como um indicador da qualidade da água em muitos aspectos, as algas em suspensão na água potável podem provocar doenças humanas graves, mas a sua abundância é utilizada principalmente para avaliar o potencial da presença de outros agentes patogénicos mais virulentos associados aos esgotos. A variação espacial da contagem de algas em suspensão foi revelada com uma contagem visivelmente mais elevada no rio em comparação com os canais e sub-canais, o que pode ser explicado pela variação registada na turvação, no DO, no pH, na temperatura, no sulfato e no nitrato. Esta explicação foi apoiada por Mostafa et al. (2014).

### 2.4.3. Índice de qualidade das águas superficiais e avaliação dos riscos

Com base nas variações sazonais e espaciais observadas em comparação com os limites admissíveis das normas nacionais e internacionais dos parâmetros das águas superficiais avaliados no presente estudo, verificou-se que as seguintes variáveis, o DO diminui abaixo das normas nacionais e internacionais e o Fe aumenta acima das normas nacionais e internacionais em todos os locais de estudo ao longo do ano. Enquanto o Mn aumenta acima das normas nacionais sazonalmente no inverno em todos os locais de estudo. TDS, CE, Zn e Ni Aumento acima das normas nacionais para TDS, Zn e Ni e das normas internacionais para CE nos canais e sub-canais sazonalmente no inverno. Os parâmetros bacteriológicos registam um aumento permanente acima do limite das normas internacionais nos canais e sub-canais.

No que diz respeito aos resultados de TDS, a maioria dos sub-canais excedeu os limites internacionais e nacionais permitidos, especialmente na época de inverno, o que pode ser explicado pelo baixo fluxo de água com descarga de águas residuais de drenagem para a fonte de água (OMS, 2011). A depleção observada de DO em todos os locais de estudo abaixo do limite permissível das normas nacionais pode indicar uma elevada carga de matéria orgânica e nutrientes. Achados semelhantes foram relatados por El-Gamel e Shafik (1985), que mencionaram que a diminuição do OD se deve à drenagem de irrigação nas fontes de água e ao aumento de ferro e manganês que consomem OD para oxidar e precipitar. Mohamed (2011) referiu que os níveis de DO nas águas de superfície eram significativamente inferiores aos limites desejáveis das regras e recomendações egípcias e internacionais devido às exportações dos canais de drenagem, que estão significativamente poluídos por águas residuais domésticas e agrícolas. Também Shehata et al. (2008) referiram que a elevada biomassa de algas afecta a concentração de DO.

Os níveis de Fe em todos os locais de amostragem excederam os limites internacionais e nacionais permitidos. Resultados semelhantes foram registados por Hassouna et al. (2014), que relacionaram o aumento do ferro com o período de cheias e a lixiviação de Fe das margens do rio, resultando numa grande quantidade de ferro contendo grãos finos e partículas em suspensão. O Mn, Cu, Zn, Cr e Ni aumentaram acima do limite admissível das normas nacionais. Achados semelhantes foram registados por Abdel Wahaab e Badawy (2004), que relataram concentrações elevadas de Cu, Zn, Cr e Mn em todos os sedimentos do rio.

As contagens de CT, FC e FS excederam o limite admissível das normas internacionais, e mais de 85% de todos os resultados de coliformes totais estão fora dos limites das normas internacionais recomendadas por Tebbutt (1998). Foram comunicados limites muito mais restritos por Cabelli (1978), que recomendou uma contagem máxima de coliformes totais de 1000 CFU/100ml, particularmente em águas de superfície que vão ser utilizadas como abastecimento de água potável, resultados semelhantes aos de Abdel Wahaab e Badawy (2004), que comunicaram a existência de concentrações elevadas de bactérias coliformes no Nilo e nos seus braços a jusante do Cairo, em resultado de um tratamento deficiente das águas residuais e da sua descarga em cursos de água de superfície. No que respeita aos estreptococos fecais, 50% dos resultados de FS dos locais de amostragem que excederam 1000 CFU/100 ml foram registados fora dos limites da norma internacional (Tebbutt, 1998). As bactérias coliformes podem ocorrer na água ambiente como resultado do transbordo de esgotos domésticos ou de fontes não pontuais de resíduos humanos e animais (Shivayogimath et al., 2012). A presença de bactérias CT indica a possível presença de bactérias fecais e causadoras de doenças. FC e FS são bactérias cuja presença indica que a água pode estar contaminada com resíduos humanos ou animais (Abdel Wahed et al., 2015). No que respeita ao aumento dos parâmetros bacteriológicos, este facto também está de acordo com as conclusões notificadas por Abdo (2002), Ezzat (2008), Korium e Toufeek (2008) e Ezzat (2012), que atribuíram o aumento gradual da contagem de indicadores bacterianos (CT, FC& FS) à drenagem agrícola e de esgotos.

O IQA está altamente correlacionado com os resultados físico-químicos, químicos e bacteriológicos. Representa um valor da qualidade da água no que diz respeito ao cumprimento das normas nacionais e internacionais para confirmar a segurança da água e o grau de proteção sem qualquer impacto ambiental e sanitário e também de acordo com a frequência do incumprimento (CCME, 2001). O índice de qualidade da água revelou uma boa qualidade da água no rio Nilo (S1). Uma boa qualidade da água significa que a qualidade da água está protegida apenas com um grau menor de ameaça ou condições de deterioração que raramente se afastam dos níveis naturais ou desejáveis devido ao elevado caudal e à baixa descarga de esgotos. O aumento da qualidade da água pode ser atribuído à diluição de contaminantes com um caudal elevado que cobre o impacto da descarga de águas residuais. A qualidade da água diminui para razoável nos canais e sub-canais (S2:S9) como resultado do aumento da frequência de incumprimento, a qualidade da água razoável significa que a qualidade da água está normalmente protegida mas ocasionalmente ameaçada, ou que as condições de deterioração se afastam por vezes dos níveis naturais ou desejáveis devido a grandes descargas de esgotos com baixo caudal de água. Este aumento da carga poluente das águas de superfície nas ETA e limita a sua capacidade de tratamento para remover completamente este contaminante através do tratamento tradicional e da dose química (Mahmoud et al., 2016).

O WQI com GIS apresenta um modelo dinâmico que divide a qualidade global da água na província de El Fayoum em zonas que representam o grau de poluição das águas superficiais em função da densidade populacional, da aldeia de serviço de esgotos (fontes não pontuais de poluição da água por descarga de esgotos) e fontes pontuais de poluição da água por descarga de drenagem.

Zona 1: degradação da qualidade da água devido à descarga direta da drenagem dos canais

de drenagem de Eltagen e Elgarak, para além das águas residuais domésticas directas da aldeia não servida pela rede de esgotos com elevada dimensão populacional e a deposição de dejectos animais na S5, que deteriora a água ao aumentar a contaminação bacteriológica. Zona 2: A degradação das águas superficiais diminui pelo efeito do fator de diluição à medida que aumenta a distância da fonte de poluição. Entretanto, a Zona 3 é afetada pela descarga de lamas de alúmen da ETAR de New elazab em S3 (ETAR de Old elazab). A degradação da qualidade da água na Zona 4 resulta da descarga direta do canal de drenagem de Mazoura que afecta a qualidade das águas superficiais nesta zona. A qualidade da água aumentou na Zona 5: o elevado caudal de água cobre o impacto da poluição e a diminuição das descargas domésticas com uma baixa densidade populacional.
A avaliação do risco nas águas superficiais começou com a identificação dos eventos de perigo. Os perigos que afectam a qualidade da água são TDS, EC, DO, Fe, Mn, Cu, Zn, Ni e parâmetros bacteriológicos (TC, FC e FS) de acordo com o não cumprimento das normas nacionais e internacionais. A exposição a estes perigos dependia da frequência do incumprimento, conforme mencionado anteriormente. A Tabela 2.9 mostra a avaliação de risco dos perigos que afectam a qualidade da água de acordo com a abordagem da matriz de risco semiquantitativa (OMS, 2009).

**Tabela 2.9:** Avaliação do risco de perigos que afectam a qualidade da água

| Perigosos | Perigoso yp[te] | Acontecimento perigoso, fonte/ causa | *localização | probabilidade/frequência | Impacto | Probabilidade | Gravidade | Pontuação de risco | Classificação do risco |
|---|---|---|---|---|---|---|---|---|---|
| TDS | Química | Descarga de drenagem | Sc | uma vez por ano | baixa estética | 2 | 2 | 4 | baixo |
| CE | Química | Descarga de drenagem | Sc | uma vez por ano | baixa estética | 2 | 2 | 4 | baixo |
| DO | Físico | Contaminação microbiológica | Rv, C, Sc | Uma vez por mês | Estética moderada | 3 | 3 | 9 | médio |
| Fe | Química | lixiviação de ferro das margens do rio Nilo | C, Sc | Uma vez por mês | Estética moderada | 3 | 3 | 9 | Médio |
| Mn | Química | lixiviação dos sedimentos do rio Nilo | Rv, C, Sc | uma vez por ano | baixa estética | 2 | 2 | 4 | baixo |
| Cu | Química | adsorção de cobre por material húmico | C, Sc | uma vez por ano | baixa estética | 2 | 2 | 4 | baixo |
| Zn | Química | descarga de drenagem de irrigação | alguns C, Sc | uma vez por ano | baixa estética | 2 | 2 | 4 | baixo |

| Ni | Química | degradação da maioria dos organismos aquáticos | alguns C, Sc | uma vez por ano | baixa estética | 2 | 2 | 4 | baixo |
|---|---|---|---|---|---|---|---|---|---|
| **Bacteriológico** | Microbiano | descarga de esgotos domésticos | alguns C, Sc | Uma vez por mês | Principais regulamentações | 3 | 4 | 12 | Elevado |

*$R_v$ : Rio, C: Canais e Sc: Sub-canais

TDS, Fe, Mn, Cu, Zn e Ni não têm qualquer impacto na saúde, mas causam problemas de aceitabilidade na água potável (WHO, 2011). El-Sherbini et al. (1997) relataram que o OD causa condições ambientais desfavoráveis nas quais as bactérias aeróbicas são substituídas por anaeróbicas, levando à deterioração da água e a odores desagradáveis devido à produção de gases H2S, NH3 e CH4.

## 2.5. Conclusões

Este estudo sugere melhores planos futuros para a gestão das fontes de água. A qualidade da água ao longo dos locais de amostragem é notavelmente influenciada pela descarga de águas residuais dos esgotos localizados nas suas margens. Os resíduos agrícolas e de esgotos são os principais factores de deterioração da qualidade da água em diferentes locais de amostragem. Por outro lado, o problema da descarga de lamas da estação de tratamento de água potável a jusante na fonte de água de outra estação de tratamento sem qualquer tratamento aumentou a contaminação do fluxo de água. A qualidade das águas superficiais mostrou não só uma variação espacial, mas também uma variação temporal, que se manifesta num aumento da poluição da água durante o período de seca no inverno. Vale a pena mencionar que o rio ainda é capaz de se recuperar em praticamente todos os locais, com muito poucas excepções. O programa de monitorização fornece uma base de dados que reflecte a variação sazonal, estas medições são precisas para a nomeação no tempo e no espaço com a capacidade de representar todos estes dados por um único número WQI, mas não dão uma visão espacial da água num espaço amplo. Assim, o modelo dinâmico SIG revelou-se uma ferramenta útil na monitorização, avaliação e previsão da qualidade da água, especialmente com estes dados médios representados. O estudo mostra dois pontos principais correlacionados de avaliação da água: quantidade e qualidade da água. Os dados recolhidos fornecem a validade dos locais de estudo seleccionados para serem considerados como pontos de monitorização.

## 2.6. Recomendações

Os resultados deste estudo recomendam a aplicação de todos os artigos da lei 48/1982 relativos à proteção do rio Nilo e dos cursos de água contra a poluição, bem como o tratamento das águas residuais antes da sua descarga nos cursos de água, a fim de melhorar a qualidade da água no rio Nilo, ou a reutilização das águas contaminadas após tratamento que agora correm para o rio, podendo ser recicladas na utilização agrícola. A monitorização regular das fontes de água, com o aumento dos pontos de monitorização, deve ser acompanhada de modo a registar qualquer alteração na qualidade, para detetar os fluxos de poluição. Isto ajudará a restringir os seus efeitos ambientais e a mitigar o surto de doenças e os impactos prejudiciais no ecossistema aquático. A utilização do sistema de cartografia é aconselhada como uma ferramenta eficiente para interpolar e estabelecer um plano de avaliação de riscos bem sucedido. É aconselhável o tratamento das lamas de alúmen antes de serem descarregadas nos cursos de água, bem como o desenvolvimento e a reativação de fábricas de água potável em sub-canais de águas superficiais no distrito de Ibshawai que tenham água de boa qualidade e longe de fontes de contaminação. Os perigos detectados nas fontes de água sugerem uma solução científica num futuro plano de proteção que contenha medidas eficazes de aplicação da legislação e um plano modificado de serviços de esgotos para a zona 1 (água de qualidade inferior). São necessários mais estudos para monitorizar as cargas de brometo, absorvância ultravioleta específica (SUVA254) e pesticidas na água bruta clorada.

# Capítulo 3

## MODELAÇÃO DA QUALIDADE DAS ÁGUAS SUPERFICIAIS


## RESUMO

A representação de um sistema real requer o desenvolvimento de um modelo abstrato que é construído por um conjunto de construções e dados básicos. Este artigo demonstra a aplicação de modelos de previsão estatística utilizando correlação, regressão e índice de qualidade da água (WQI) com um modelo de previsão espacial dinâmico interativo utilizando o algoritmo do Sistema de Informação Geográfica (SIG) para nove pontos de monitorização de águas superficiais num estudo de caso real na província de El Fayoum - Egipto. Foram recolhidas mensalmente 648 amostras de água durante o período de janeiro de 2010 a dezembro de 2015. A avaliação da qualidade da água foi efectuada através dos modelos de avaliação de 36 parâmetros de qualidade da água em cada amostra. A validação e a verificação da previsão da exatidão e da eficácia dos modelos foram efectuadas utilizando um novo conjunto independente de dados recolhidos em 29 pontos de amostragem durante o mesmo período de estudo. Com base nos modelos gerados, a correlação dos parâmetros de qualidade da água com alguns indicadores de poluição provou que estes têm a mesma origem de contaminação. O IQA apresenta uma correlação negativa com todos os parâmetros detectados. A precisão da previsão do padrão espacial mostra um erro relativo baixo e uma elevada eficácia da previsão em todos os parâmetros avaliados, com exceção dos metais vestigiais e dos parâmetros bacteriológicos. A aplicação dos modelos sugere um meio útil para a monitorização e avaliação rápidas da qualidade da água e acrescenta um valor prático e económico muito importante que proporciona uma solução mais fácil e mais eficaz através da seleção das melhores decisões para melhorar a qualidade da água.



**Palavras-chave:** Águas superficiais, qualidade da água, modelos estatísticos, modelos espaciais, índice de qualidade da água.


## 3.1. Introdução

A qualidade da água desempenha um papel importante para todos os seres vivos e é regida tanto por processos naturais como antropogénicos (Jarvie et al., 1998). As águas superficiais são as mais vulneráveis à poluição e a sua avaliação é crucial no estudo da poluição ambiental (Khatoon et al., 2013). A classificação, modelação e interpretação dos dados são os passos mais importantes na avaliação da qualidade da água. No entanto, é necessário um método não convencional que forneça melhores ferramentas para a avaliação e gestão dos problemas de qualidade da água, a fim de adotar políticas de gestão e estabelecer os limites para uma estratégia sustentável de reutilização da água. Esta melhoria da gestão da água e do desenvolvimento sustentável é muito importante no Egipto (PNUD, 2002). Mahmoud et al., (2016) referiram a importância da qualidade das águas superficiais no desenvolvimento de estações de tratamento de água potável (ETA), na determinação das doses de produtos químicos de tratamento e na escolha do tipo de plano de monitorização que pode incluir a proteção das águas de origem através de uma abordagem multi-barreiras.

A província de El Fayoum (Fig. 3.1) é uma grande depressão no deserto ocidental do Egipto, localizada a 90 km a sudoeste do Cairo. O canal Bahr Youssef é um braço do rio Nilo que atravessa a província e os seus braços fornecem água para consumo, uso doméstico e irrigação (Melegy et al., 2014). Outra fonte de água - o canal Tirat Al jizah - entra na província diretamente a partir do braço do rio Nilo na aldeia de Al Ayat (província de Gizé). Além disso, o canal de água artificial estende-se do canal Tirat Al jizah na aldeia de Gerza, na província de Gizé, até à aldeia de Tamia, na província de El Fayoum. A escassez de água na província é compensada pela reutilização da água de drenagem, que afecta negativamente o solo e as plantas. As restantes águas de drenagem correm para o lago Qarun e o canal Rayan.

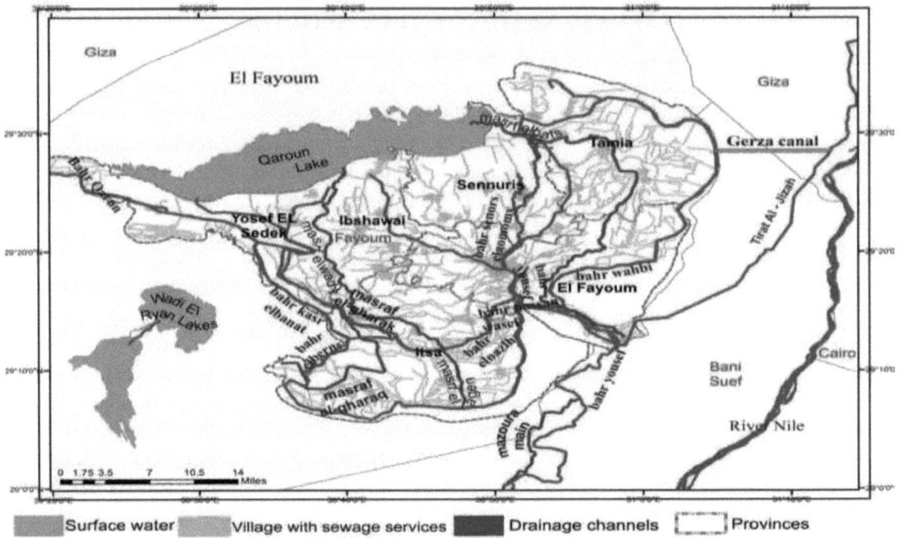


**Fig. 3.1** : Fontes de poluição das águas de superfície na província de El Fayoum.

As técnicas analíticas são utilizadas para produzir uma avaliação fiável da qualidade das águas superficiais, mas geralmente é demorado, dispendioso e uma tarefa difícil e laboriosa monitorizar regularmente todos os parâmetros (Sarkar et al., 2006). Os modelos de previsão estatística e espacial podem ser desenvolvidos para integrar métodos fáceis, fiáveis e rentáveis de recolha de dados e para fornecer informações sobre o nível de poluição e as normas de qualidade da água. Estes modelos utilizam a qualidade da água e os dados espaciais através de alguns processos estatísticos para construir um modelo dinâmico de qualidade da água. A correlação e a regressão são métodos estatísticos normalmente utilizados para comparar duas ou mais variáveis e para prever as suas concentrações. A correlação entre parâmetros em ambientes aquáticos específicos tem se mostrado útil quando essa correlação existe, e se a determinação de poucos parâmetros seria suficiente para avaliar a qualidade da água superficial na área de estudo (Batabyal, 2014), além de indicar fonte de contaminação através da correlação de parâmetros de qualidade da água com indicadores de poluição. O modelo de regressão pode ser utilizado para extrapolar entre os pontos de dados existentes e para prever resultados que não tenham sido previamente testados. Os modelos de correlação e regressão podem ser utilizados para quantificar a concentração relativa de vários poluentes na água e para fornecer as pistas necessárias para a implementação de programas rápidos de gestão da qualidade da água (Batabyal, 2014). Estes modelos carecem de apresentações geográficas, impacto visual e distribuição espacial das alterações da qualidade da água.

O modelo de análise espacial do Sistema de Informação Geográfica (SIG) é uma técnica que permite avaliar e prever a qualidade das águas superficiais num local desconhecido a partir de valores conhecidos; isto criará uma superfície contínua que nos ajudará a compreender os cenários dos parâmetros de qualidade da água em toda a área de estudo (Hongjun Su et al., 2008). As ferramentas de análise estatística de dados espaciais são utilizadas em áreas que podem incluir a saúde, a meteorologia e os estudos ambientais (Druck et al., 2004). O método da distância inversa ponderada (IDW) como ferramenta de interpolação para a modelação espacial é adotado para criar os mapas de distribuição espacial dos parâmetros de qualidade da água devido à sua simplicidade, rapidez de cálculo, facilidade de programação e credibilidade na interpolação de superfícies (ESRI, 1994). A compreensão dessas relações ajuda a avaliar as condições das massas de água não monitorizadas, a identificar as actividades humanas que contribuem significativamente para a poluição, bem como as zonas críticas que estão em risco e, finalmente, a promover práticas de gestão para reduzir a poluição de origem não pontual (Xiaoying Yang e Wei Jin, 2010). O índice de qualidade da água (IQA) é um meio de avaliação da qualidade da água através da determinação dos parâmetros da água de superfície; pode atuar como um indicador da poluição da água devido a entradas naturais e actividades antropogénicas (Hossain et al., 2013). A avaliação dos riscos em relação às normas nacionais e internacionais através do modelo WQI é crucial para melhorar a interpolação do modelo espacial como ferramenta representativa da qualidade das águas superficiais (CCME, 2001).

Mostafa et al. (2014), Abdel Wahed et al. (2015) e Mahmoud et al. (2016) estudaram a qualidade das águas superficiais na província de El Fayoum utilizando um método analítico, mas ainda não foram efectuadas tentativas para prever a qualidade das águas da província utilizando modelos de previsão. Neste estudo, foram aplicados modelos espaciais e estatísticos à qualidade da água utilizando o SIG e o algoritmo de correlação e regressão. O modelo estatístico foi utilizado para avaliar a interação entre os parâmetros de qualidade da água para avaliar o seu impacto e prever a alteração na variável dependente para qualquer alteração numa única variável independente, enquanto o modelo espacial foi utilizado para visualizar a distribuição espacial e prever a qualidade da água em locais não amostrados. Este estudo visa também criar um modelo dinâmico ótimo que ajude a produzir mapas fiáveis de previsões espaciais e, em seguida, integrar esta avaliação de acordo com as normas nacionais e internacionais utilizando o modelo WQI. Com base na revisão da literatura, este artigo é o primeiro ensaio a incluir dois algoritmos de avaliação diferentes, modelos estatísticos e de análise espacial, para a qualidade das águas superficiais na província de El Fayoum, no Egipto, como um estudo de caso.

## 3.2. Materiais e métodos

O programa de monitorização M foi estabelecido para recolher dados espaciais e não espaciais durante o período de janeiro de 2010 a dezembro de 2015. Os dados espaciais foram utilizados para gerar um modelo de previsão espacial após o acoplamento com os dados de análise da qualidade da água. Os dados não espaciais foram obtidos a partir de 9 locais de amostragem em bases mensais para gerar modelos estatísticos e espaciais. O programa de monitorização foi alargado para recolher amostras de águas superficiais de 29 locais de amostragem para estimar valores que seriam comparados com os valores previstos pelos modelos e para validar as suas previsões. Os resultados de ambos os modelos foram utilizados para interpretar a qualidade da água, para criar um plano de avaliação de riscos eficaz e para aprovar uma nova abordagem para a monitorização e avaliação rápidas (Fig. 3.2).

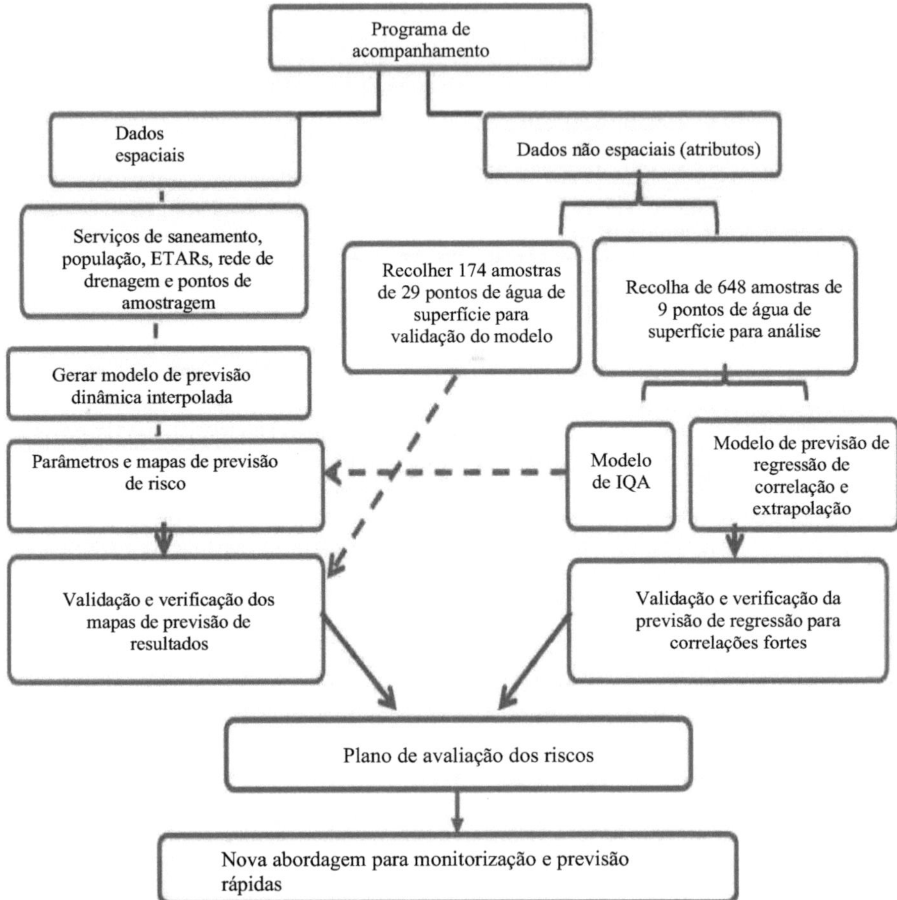


**Fig. 3.2:** Fluxograma da metodologia.

### 3.2.1. Zona de estudo e locais de amostragem

As amostras de águas superficiais foram recolhidas através do método de amostragem por agarramento em nove locais de amostragem de monitorização: rio (S1), canais (S2 a S4) e sub-canais (S5 a S9) (Fig. 3.3). As localizações dos locais de amostragem foram capturadas e documentadas utilizando um GPS de mão Garmin. Os dados das amostras recolhidas foram utilizados para gerar modelos de previsão, para validar a capacidade de previsão com 29 pontos de teste bem distribuídos durante o mesmo período de estudo (Fig. 3.3).

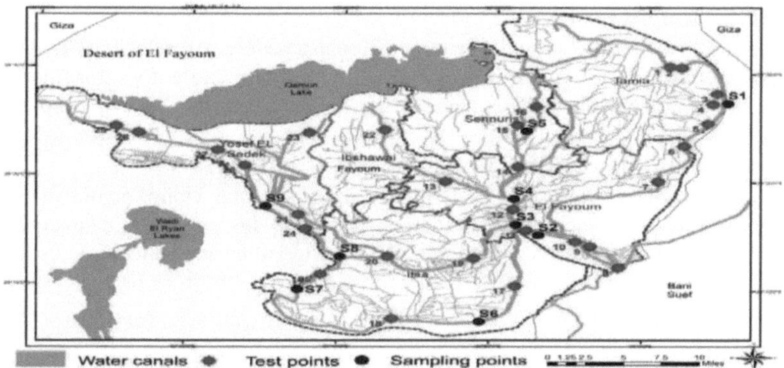


**Fig. 3.3**: Locais de amostragem e pontos de ensaio na área de estudo.

## 3.2.2. Análises da água

Os parâmetros físico-químicos, químicos e biológicos (bacteriológicos e algas em suspensão) das amostras de águas de superfície foram avaliados de acordo com o Standard Methods for Examination of Water and Wastewater (APHA, 2012). Todas as análises foram efectuadas nos laboratórios centrais de El Fayoum para análise da água, que são acreditados pela norma ISO 17025.

## 3.2.3. Modelo estatístico (coeficiente de correlação e regressão linear)

A análise de correlação foi efectuada utilizando o Microsoft Excel 2010 para estabelecer a natureza da relação entre as variáveis e para fornecer uma ferramenta de previsão (Kumar e Sinha, 2010). Um primeiro passo essencial no cálculo de um coeficiente de correlação linear (R) é traçar as observações numa "grelha de dispersão" para avaliar visualmente os dados. A correlação entre os parâmetros é caracterizada como forte quando varia de +0,8 a +1,0 e -0,8 a -1,0, moderada quando varia de +0,5 a +0,8, de -0,5 a -0,8 ou de 0,0 a +0,5 e 0,0 a -0,5 (Achuthan Nair et al., 2005). Também foram calculados os coeficientes de correlação espacial (r), como já foi referido, entre os níveis dos parâmetros medidos e estimados para avaliar o desempenho enganador do modelo.

**A análise de regressão** foi calculada matematicamente a partir do "diagrama de dispersão" da relação de correlação sob a forma de regressão linear de extrapolação que ajusta aos dados uma equação linear da seguinte forma

$$Y = a + bX$$

Onde Y é a variável dependente, X é a variável independente única, (a) é a interceção Y da linha de regressão e b é o declive da linha. Uma vez deduzida a equação, esta pode ser utilizada para prever a variação em Y para qualquer variação em X. Também pode calcular o coeficiente de determinação (referido como R2) que está logisticamente relacionado com o nível de erro. medida que os níveis de erro aumentam, o valor de $R^2$ diminui rapidamente em níveis de erro baixos (Black, 1991). A análise de regressão foi efectuada para prever as variáveis que apresentavam uma forte correlação.

## 3.2.4. Modelo de índice de qualidade da água

O IQA foi calculado de acordo com as normas nacionais e internacionais através do modelo CCME WQI, que consiste em três medidas de variância: âmbito, frequência e amplitude. As três medidas foram combinadas para produzir um valor entre 0 e 100 que representa a qualidade global da água (CCME, 2001 e Mahmoud et al., 2016).

### 3.2.5. SIG Modelo espacial

O software utilizado para o modelo de previsão espacial é o ArcGIS 10.2.1, utilizando o método dos métodos de interpolação espacial (SIM), que faz parte do algoritmo de análise espacial, e a ferramenta de análise linearmente ponderada utilizada é o peso inverso da distância.

#### 3.2.5.1. Conceito de distância inversa ponderada (IDW)

O método de interpolação IDW baseia-se no pressuposto de que o valor de um atributo z num ponto não visitado é uma média ponderada pela distância dos pontos de dados que ocorrem numa vizinhança ou em redor do ponto não visitado. O valor desconhecido é estimado pela eq. (1):

$$\hat{z}(s_0) = \sum_{i=1}^{n} \lambda_i Z(s_i) \quad (1)$$

em que $z(s_o)$ é o valor estimado para uma localização não amostrada $s_o$ , $n$ é o número de pontos de amostragem medidos em torno da localização de previsão utilizada para a previsão, $X_f$ é o peso para cada ponto medido, e $Z(s)$ é o valor observado na localização $s_t$ . Os pesos $Zz$ são calculados de acordo com a eq. (2):

$$\lambda_i = \frac{d_{i0}^{-p}}{\sum_{i=1}^{n} d_{i0}^{-p}} \quad (2)$$

onde

$$\sum_{i=1}^{n} \lambda_i = 1$$

O peso é reduzido por um fator de $p$, à medida que a distância aumenta. Finalmente, $d_{i0}$ é a distância entre a localização prevista $s_o$ e cada uma das localizações medidas $s_i$ . A ponderação das localizações amostradas depende muito do parâmetro de potência $p$. O IDW pertence à categoria dos métodos determinísticos locais de interpolação (Burrough e Mcdonnell, 1998). O IDW foi estimado no presente estudo utilizando uma potência de $p=2$.

### 3.2.6. Validação e verificação da exatidão da previsão

O método de validação foi aplicado em mapas raster gerados para cada parâmetro de qualidade da água utilizando dados recolhidos em 9 pontos de amostragem. Posteriormente, os mapas raster foram utilizados para prever valores para novas 29 amostras de teste; os valores previstos foram então comparados com os observados por métodos analíticos para determinar o erro para cada parâmetro de qualidade da água através do método de cálculo agregado. Para estimar o desempenho global de cada método, uma prática comum consiste em calcular o erro absoluto médio (MAE) e a raiz do erro quadrático médio (RMSE) (Wagner et al., 2012). Tanto o MAE como o RMSE são medidas estatísticas que avaliam os erros entre os valores observados no local e os previstos pelo método de interpolação (Teegavarapu et al. 2012e Arun, 2013). As fórmulas utilizadas para calcular o MAE (eq. 3) e o RMSE (eq. 4) são apresentadas de seguida:

$$MAE = \frac{1}{n} \sum_{i=1}^{N} |p_i - o_i| \quad \textbf{(3)}$$

e

$$RMSE = \left[\frac{1}{n}\sum_{i=1}^{n}(p_i - o_i)^2\right] \quad \textbf{(4)}$$

Onde: n é o número de amostras com um valor conhecido; oi são os valores observados; pi são os valores previstos no local i (Li & Heap, 2011). O MAE e o RMSE representam os erros que resultaram para cada método e cada parâmetro analisado, um valor elevado de RMSE indica que o valor previsto (de cada método de interpolação) produziu valores mais afastados da média ou da linha de regressão (Simpson e Yi Hwa Wu, 2014).

O teste dos mapas de previsão baseou-se numa medida de precisão, nomeadamente o Erro Quadrático Médio (EQM) eq.5, e numa medida de eficácia, nomeadamente a Estimativa de Qualidade da Previsão *(G)*. O MSE é dado pela seguinte equação:

$$MSE = \frac{1}{n}\sum_{i=1}^{n}\left(\left|z(x_i) - \hat{z}(x_i)\right|\right)^2 \quad (5)$$

Em que $z(x_i)$ é o valor observado na localização *i*, $z(x_i)$ é o valor previsto na localização *i* e *n* é a dimensão da amostra. O quadrado da diferença em qualquer ponto dá uma indicação da magnitude das diferenças, de tal forma que valores pequenos de MSE indicam previsões ponto a ponto mais exactas.

A equação do Erro Relativo = Erro Absoluto / Valor Conhecido foi utilizada para calcular o erro absoluto relativo (ER %) que representa a incerteza relativa da previsão para os modelos de previsão espacial (interpolação) e de regressão (Extrapolação), comparando os valores previstos de diferentes parâmetros com os seus valores relevantes que foram medidos no terreno durante o período de estudo.

A medida *G* (Eficácia da previsão) (eq. 6) dá uma indicação do grau de eficácia de uma previsão, relativamente à derivada da utilização apenas da média da amostra,

$$G = \left(1 - \frac{\sum_{i=1}^{n}(z(x_i) - \hat{z}(x_i))^2}{\sum_{i=1}^{n}(z(x_i) - \bar{z})^2}\right) \cdot 100 \quad (6)$$

Em que *z (xi)* é o valor observado no local *i*, z (xi) é o valor previsto no local *i*, *n* é a dimensão da amostra $e^z$ é a média da amostra. O valor de G igual a 100% indica uma previsão perfeita, os valores positivos (ou seja, de 0 a 100%) indicam que as previsões são mais fiáveis do que a utilização da média da amostra e os valores negativos indicam que as previsões são menos fiáveis do que a utilização da média da amostra.

## 3.3. Resultados

Os resultados do modelo de correlação são apresentados na tabela 3.1, enquanto os resultados do modelo de regressão para parâmetros com correlação muito forte são ordenados de acordo com o valor $R^2$ e apresentados na tabela 3.2. Os mapas de previsão e de IQA dos parâmetros que apresentam variações espaciais são apresentados na Fig. 3.4 e na Fig. 3.5. A comparação entre os valores previstos e medidos é apresentada na Fig. 3.6. A Tabela 3.3 mostra os resultados de validação e verificação dos modelos de previsão. Finalmente, os gráficos da Fig. 3.8 representam a percentagem de erro relativo dos parâmetros previstos, a percentagem de eficácia da previsão e a correlação espacial entre os valores medidos e estimados.

**Tabela 3.1:** Resultados da correlação para diferentes parâmetros de todas as amostras de águas superficiais.

| Parameters | Color | Turbidity | Tem. | pH | EC | TDS | Alk. | TH | DO | CL | SO4 | NO3 | Ca | Mg | Na | K | Fe | Mn | Al | Cu | Ni | Zn | Sr | Ba | Ti | V | TOC | TB | TC | FC | FS | Algae | WQI |
|---|---|---|---|---|---|---|---|---|---|---|---|---|---|---|---|---|---|---|---|---|---|---|---|---|---|---|---|---|---|---|---|---|---|
| Color | 1.0 | 0.0 | -0.2 | 0.1 | 0.3 | 0.3 | 0.2 | 0.1 | 0.0 | 0.2 | 0.2 | 0.2 | 0.3 | 0.2 | 0.2 | 0.1 | 0.2 | 0.2 | 0.2 | 0.1 | 0.0 | 0.1 | 0.3 | 0.2 | 0.2 | 0.1 | 0.1 | 0.1 | 0.1 | 0.0 | 0.0 | 0.0 | -0.3 |
| Turbidity | 0.0 | 1.0 | 0.3 | -0.1 | -0.1 | -0.1 | -0.1 | -0.1 | -0.2 | -0.1 | -0.1 | 0.0 | 0.0 | -0.1 | -0.1 | 0.0 | 0.5 | 0.0 | 0.5 | -0.1 | 0.0 | 0.1 | -0.1 | 0.0 | 0.2 | 0.3 | -0.1 | 0.0 | 0.0 | 0.0 | 0.0 | 0.0 | -0.4 |
| Tem. | -0.2 | 0.3 | 1.0 | 0.0 | -0.4 | -0.4 | -0.4 | -0.4 | -0.2 | -0.4 | -0.4 | -0.1 | -0.3 | -0.3 | -0.4 | -0.1 | 0.4 | -0.2 | 0.4 | -0.1 | -0.1 | -0.1 | -0.4 | -0.1 | 0.2 | 0.0 | -0.4 | 0.0 | -0.1 | 0.0 | -0.1 | -0.2 | -0.2 |
| pH | 0.1 | -0.1 | 0.0 | 1.0 | 0.1 | 0.2 | 0.1 | 0.1 | 0.0 | 0.2 | 0.1 | 0.2 | 0.0 | 0.0 | 0.1 | 0.1 | 0.0 | 0.0 | 0.0 | 0.1 | 0.0 | 0.0 | 0.0 | 0.0 | 0.0 | 0.1 | 0.2 | 0.0 | -0.1 | -0.1 | -0.2 | 0.0 | 0.0 |
| EC | 0.3 | -0.1 | -0.4 | 0.1 | 1.0 | 0.9 | 0.7 | 0.8 | 0.1 | 0.9 | 0.8 | 0.5 | 0.7 | 0.8 | 0.7 | 0.2 | -0.2 | 0.1 | -0.1 | 0.1 | 0.0 | 0.1 | 0.6 | 0.2 | 0.0 | -0.1 | 0.0 | 0.0 | 0.1 | 0.2 | 0.0 | -0.1 | -0.1 |
| TDS | 0.3 | -0.1 | -0.4 | 0.2 | 0.9 | 1.0 | 0.6 | 0.8 | 0.0 | 0.9 | 0.8 | 0.4 | 0.6 | 0.8 | 0.6 | 0.2 | -0.1 | 0.1 | -0.1 | 0.1 | 0.0 | 0.1 | 0.5 | 0.2 | 0.0 | -0.1 | 0.1 | 0.0 | 0.1 | 0.2 | 0.0 | 0.0 | -0.1 |
| Alk. | 0.2 | -0.1 | -0.4 | 0.1 | 0.7 | 0.6 | 1.0 | 0.7 | 0.1 | 0.7 | 0.7 | 0.4 | 0.6 | 0.6 | 0.7 | 0.2 | -0.2 | 0.0 | -0.2 | 0.1 | 0.0 | 0.0 | 0.5 | 0.1 | -0.1 | -0.1 | 0.0 | 0.0 | 0.1 | 0.2 | 0.0 | -0.1 | -0.1 |
| TH | 0.1 | -0.1 | -0.4 | 0.1 | 0.8 | 0.8 | 0.7 | 1.0 | 0.1 | 0.8 | 0.7 | 0.4 | 0.7 | 0.7 | 0.7 | 0.2 | -0.2 | 0.1 | -0.1 | 0.2 | 0.0 | 0.2 | 0.5 | 0.1 | 0.0 | -0.1 | 0.0 | 0.1 | 0.1 | 0.2 | 0.1 | -0.1 | -0.1 |
| DO | 0.0 | -0.2 | -0.2 | 0.0 | 0.1 | 0.0 | 0.1 | 0.1 | 1.0 | 0.1 | 0.1 | 0.1 | 0.1 | 0.1 | 0.2 | 0.0 | -0.2 | 0.1 | -0.2 | 0.0 | -0.1 | -0.1 | 0.1 | 0.0 | 0.0 | -0.2 | 0.0 | 0.1 | 0.0 | 0.0 | 0.0 | 0.2 | 0.3 |
| CL | 0.2 | -0.1 | -0.4 | 0.2 | 0.9 | 0.9 | 0.7 | 0.8 | 0.1 | 1.0 | 0.8 | 0.4 | 0.7 | 0.8 | 0.7 | 0.2 | -0.1 | 0.2 | -0.1 | 0.0 | 0.0 | 0.1 | 0.5 | 0.2 | 0.0 | -0.1 | 0.0 | 0.1 | 0.1 | 0.1 | 0.0 | -0.1 | -0.2 |
| SO4 | 0.2 | -0.1 | -0.4 | 0.1 | 0.8 | 0.8 | 0.7 | 0.7 | 0.1 | 0.8 | 1.0 | 0.6 | 0.7 | 0.7 | 0.7 | 0.2 | -0.1 | 0.1 | 0.0 | 0.1 | 0.0 | 0.2 | 0.6 | 0.1 | 0.0 | -0.1 | 0.0 | 0.1 | 0.0 | 0.2 | 0.1 | -0.1 | -0.1 |
| NO3 | 0.2 | 0.0 | -0.1 | 0.2 | 0.5 | 0.4 | 0.4 | 0.4 | 0.1 | 0.4 | 0.6 | 1.0 | 0.5 | 0.3 | 0.6 | 0.2 | 0.1 | -0.1 | 0.2 | 0.0 | -0.1 | 0.0 | 0.4 | 0.2 | 0.1 | 0.0 | 0.0 | 0.1 | 0.0 | 0.2 | -0.1 | -0.2 | -0.2 |
| Ca | 0.3 | 0.0 | -0.3 | 0.0 | 0.7 | 0.6 | 0.6 | 0.7 | 0.1 | 0.7 | 0.7 | 0.5 | 1.0 | 0.7 | 0.7 | 0.3 | 0.0 | 0.1 | 0.0 | 0.2 | 0.0 | -0.2 | 0.6 | 0.2 | 0.0 | 0.0 | -0.1 | 0.1 | 0.0 | 0.2 | 0.1 | -0.1 | -0.2 |
| Mg | 0.2 | -0.1 | -0.3 | 0.0 | 0.8 | 0.8 | 0.6 | 0.7 | 0.1 | 0.8 | 0.7 | 0.3 | 0.7 | 1.0 | 0.6 | 0.1 | -0.1 | 0.2 | -0.1 | 0.1 | 0.0 | 0.0 | 0.5 | 0.1 | -0.1 | 0.0 | -0.1 | 0.1 | 0.1 | 0.2 | 0.1 | 0.1 | -0.1 |
| Na | 0.2 | -0.1 | -0.4 | 0.1 | 0.7 | 0.6 | 0.7 | 0.7 | 0.2 | 0.7 | 0.7 | 0.6 | 0.7 | 0.6 | 1.0 | 0.5 | -0.1 | 0.1 | -0.1 | 0.2 | 0.0 | 0.0 | 0.6 | 0.2 | 0.1 | -0.1 | -0.1 | 0.1 | 0.1 | 0.2 | 0.0 | -0.1 | -0.1 |
| K | 0.1 | 0.0 | -0.1 | 0.1 | 0.2 | 0.2 | 0.2 | 0.2 | 0.0 | 0.2 | 0.2 | 0.2 | 0.3 | 0.1 | 0.5 | 1.0 | 0.0 | -0.1 | 0.0 | 0.1 | 0.2 | 0.0 | 0.3 | 0.0 | 0.0 | 0.0 | 0.0 | 0.0 | 0.0 | 0.0 | 0.0 | 0.0 | 0.0 |
| Fe | 0.2 | 0.5 | 0.4 | 0.0 | -0.2 | -0.1 | -0.2 | -0.2 | -0.2 | -0.1 | -0.1 | 0.1 | 0.0 | -0.1 | -0.1 | 0.0 | 1.0 | 0.1 | 0.8 | 0.0 | 0.0 | -0.1 | 0.0 | 0.0 | 0.4 | 0.5 | 0.0 | 0.0 | 0.0 | 0.0 | -0.1 | 0.0 | -0.6 |
| Mn | 0.2 | 0.0 | -0.2 | 0.0 | 0.1 | 0.1 | 0.0 | 0.1 | 0.1 | 0.2 | 0.1 | -0.1 | 0.1 | 0.2 | 0.1 | -0.1 | 0.1 | 1.0 | 0.0 | 0.2 | 0.3 | -0.1 | 0.2 | 0.3 | 0.2 | 0.2 | 0.4 | 0.1 | 0.0 | 0.0 | 0.1 | 0.3 | -0.3 |
| Al | 0.2 | 0.5 | 0.4 | 0.0 | -0.1 | -0.1 | -0.2 | -0.1 | -0.2 | -0.1 | 0.0 | 0.2 | 0.0 | -0.1 | -0.1 | 0.0 | 0.8 | 0.0 | 1.0 | 0.0 | 0.1 | 0.1 | 0.0 | 0.1 | 0.4 | 0.4 | 0.0 | 0.0 | 0.0 | 0.0 | 0.0 | -0.1 | -0.5 |
| Cu | 0.1 | -0.1 | -0.1 | 0.1 | 0.1 | 0.1 | 0.1 | 0.2 | 0.0 | 0.0 | 0.1 | 0.0 | 0.2 | 0.1 | 0.2 | 0.1 | 0.0 | 0.2 | 0.0 | 1.0 | 0.3 | 0.4 | 0.3 | 0.2 | 0.1 | 0.0 | 0.3 | 0.1 | 0.0 | 0.0 | 0.0 | 0.1 | -0.1 |
| Ni | 0.0 | 0.0 | -0.1 | 0.0 | 0.0 | 0.0 | 0.0 | 0.0 | -0.1 | 0.0 | 0.0 | -0.1 | 0.0 | 0.0 | 0.0 | 0.2 | 0.0 | 0.3 | 0.1 | 0.3 | 1.0 | 0.0 | -0.1 | 0.3 | 0.1 | 0.2 | 0.2 | 0.1 | 0.0 | 0.0 | 0.2 | 0.0 | -0.1 |
| Zn | 0.1 | 0.1 | -0.1 | 0.0 | 0.1 | 0.1 | 0.0 | 0.2 | -0.1 | 0.1 | 0.2 | 0.0 | -0.2 | 0.0 | 0.0 | 0.0 | -0.1 | -0.1 | 0.1 | 0.4 | 0.0 | 1.0 | 0.4 | 0.0 | -0.1 | 0.0 | 0.5 | 0.0 | 0.2 | -0.1 | -0.1 | -0.1 | 0.1 |
| Sr | 0.3 | -0.1 | -0.4 | 0.0 | 0.6 | 0.5 | 0.5 | 0.5 | 0.1 | 0.5 | 0.6 | 0.4 | 0.6 | 0.5 | 0.6 | 0.3 | 0.0 | 0.2 | 0.0 | 0.3 | -0.1 | 0.4 | 1.0 | 0.3 | 0.0 | 0.1 | 0.1 | 0.1 | 0.0 | 0.2 | 0.0 | 0.0 | -0.2 |
| Ba | 0.2 | 0.0 | -0.1 | 0.0 | 0.2 | 0.2 | 0.1 | 0.1 | 0.0 | 0.2 | 0.1 | 0.2 | 0.2 | 0.1 | 0.2 | 0.0 | 0.0 | 0.3 | 0.1 | 0.2 | 0.3 | 0.0 | 0.3 | 1.0 | 0.2 | 0.2 | 0.1 | 0.1 | 0.1 | 0.0 | 0.2 | 0.0 | -0.2 |
| Ti | 0.2 | 0.2 | 0.2 | 0.0 | 0.0 | 0.0 | -0.1 | 0.0 | 0.0 | 0.0 | 0.0 | 0.1 | 0.0 | -0.1 | 0.1 | 0.0 | 0.4 | 0.2 | 0.4 | 0.1 | 0.1 | -0.1 | 0.0 | 0.2 | 1.0 | 0.1 | 0.1 | 0.2 | 0.2 | 0.0 | 0.0 | 0.0 | -0.4 |
| V | 0.1 | 0.3 | 0.0 | 0.1 | -0.1 | -0.1 | -0.1 | -0.1 | -0.2 | -0.1 | -0.1 | 0.0 | 0.0 | 0.0 | -0.1 | 0.0 | 0.5 | 0.2 | 0.4 | 0.0 | 0.2 | 0.0 | 0.1 | 0.2 | 0.1 | 1.0 | 0.2 | 0.1 | 0.1 | 0.0 | 0.0 | -0.1 | -0.4 |
| TOC | 0.1 | -0.1 | -0.4 | 0.2 | 0.0 | 0.1 | 0.0 | 0.0 | 0.0 | 0.0 | 0.0 | 0.0 | -0.1 | -0.1 | -0.1 | 0.0 | 0.0 | 0.4 | 0.0 | 0.3 | 0.2 | 0.5 | 0.1 | 0.1 | 0.1 | 0.2 | 1.0 | 0.0 | 0.1 | -0.3 | -0.2 | 0.1 | -0.1 |
| TB | 0.1 | 0.0 | 0.0 | 0.0 | 0.0 | 0.0 | 0.0 | 0.1 | 0.1 | 0.1 | 0.1 | 0.1 | 0.1 | 0.1 | 0.1 | 0.0 | 0.0 | 0.1 | 0.0 | 0.1 | 0.1 | 0.0 | 0.1 | 0.1 | 0.2 | 0.1 | 0.0 | 1.0 | 0.1 | 0.1 | 0.3 | 0.0 | -0.1 |
| TC | 0.1 | 0.0 | -0.1 | -0.1 | 0.1 | 0.1 | 0.1 | 0.1 | 0.0 | 0.1 | 0.0 | 0.0 | 0.0 | 0.1 | 0.1 | 0.0 | 0.0 | 0.0 | 0.0 | 0.0 | 0.0 | 0.2 | 0.0 | 0.1 | 0.2 | 0.1 | 0.1 | 0.1 | 1.0 | 0.2 | 0.1 | 0.0 | -0.1 |
| FC | 0.0 | 0.0 | 0.0 | -0.1 | 0.2 | 0.2 | 0.2 | 0.2 | 0.0 | 0.1 | 0.2 | 0.2 | 0.2 | 0.2 | 0.2 | 0.0 | 0.0 | 0.0 | 0.0 | 0.0 | 0.0 | -0.1 | 0.2 | 0.0 | 0.0 | 0.0 | -0.3 | 0.1 | 0.2 | 1.0 | 0.2 | 0.0 | -0.1 |
| FS | 0.0 | 0.0 | -0.1 | -0.2 | 0.0 | 0.0 | 0.0 | 0.1 | 0.0 | 0.0 | 0.1 | -0.1 | 0.1 | 0.1 | 0.0 | 0.0 | -0.1 | 0.1 | 0.0 | 0.0 | 0.2 | -0.1 | 0.0 | 0.2 | 0.0 | 0.0 | -0.2 | 0.3 | 0.1 | 0.2 | 1.0 | 0.0 | 0.0 |
| Algae | 0.0 | 0.0 | -0.2 | 0.0 | -0.1 | 0.0 | -0.1 | -0.1 | 0.2 | -0.1 | -0.1 | -0.2 | -0.1 | 0.1 | -0.1 | 0.0 | 0.0 | 0.3 | -0.1 | 0.1 | 0.0 | -0.1 | 0.0 | 0.0 | 0.0 | -0.1 | 0.1 | 0.0 | 0.0 | 0.0 | 0.0 | 1.0 | 0.1 |
| WQI | -0.3 | -0.4 | -0.2 | 0.0 | -0.1 | -0.1 | -0.1 | -0.1 | 0.3 | -0.2 | -0.1 | -0.2 | -0.2 | -0.1 | -0.1 | 0.0 | -0.6 | -0.3 | -0.5 | -0.1 | -0.1 | -0.1 | -0.2 | -0.2 | -0.4 | -0.4 | -0.1 | -0.1 | -0.1 | -0.1 | 0.0 | 0.1 | 1.0 |

(Cores na tabela: Cinzento escuro para uma correlação positiva forte, cor-de-rosa para uma correlação positiva moderada e cor de laranja para uma correlação negativa moderada).

**Tabela 3.2:** Resultados da previsão da regressão para os parâmetros com correlação muito forte de todas as amostras de águas superficiais.

| Parâmetros | $R^2$ | Regressão linear | %Erro relativo |
|---|---|---|---|
| **CE + TDS** | 0.891 | **TDS** =0,641 **EC -32**,23 | 3.04 |
| **CE + Cloretos** | 0.836 | **Cl** =0,165 **CE** - 46,22 | 8.78 |
| **TDS + Cloretos** | 0.745 | **Cl** =0,229 **TDS -27**,96 | 8.77 |
| **CE + Sulfatos** | 0.698 | **SO4** =0,144 **EC -22**,98 | 4.47 |
| **Fe + AL** | 0.689 | **AL** =0,858 **Fe +0**,30 | 5.52 |
| **CE + Dureza total** | 0.681 | **Dureza** =0,162 **CE +68**,10 | 1.30 |
| **CE + Mg** | 0.665 | **Mg** =0,018 **CE** +1,76 | 1.77 |

| **Cloretos + Sulfatos** | 0.655 | SO4=0,107 **Cl +45**,36 | 16.77 |
|---|---|---|---|
| **TDS + Mg** | 0.617 | **Mg** =0,026 **TDS +3**,59 | 3.05 |
| **TDS + Sulfatos** | 0.597 | **SO4** =0,196 **TDS** - 5,95 | 4.06 |
| **TDS + Dureza total** | 0.574 | **Dureza** =0,219 **TDS** + 88,30 | 1.30 |
| **Dureza total + Cloretos** | 0.556 | **Cl** =0,666 **Dureza -57**,05 | 9.74 |
| **Cloretos + Mg** | 0.565 | **Mg** =0,381 **Cl** - 1,12 | 3.39 |

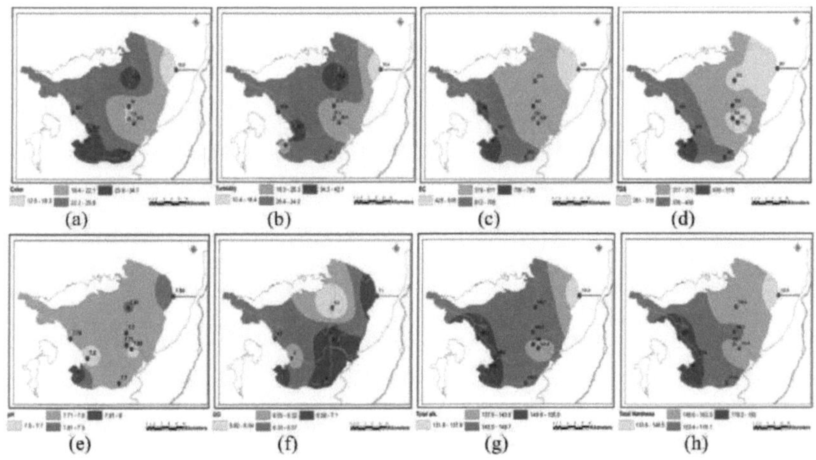

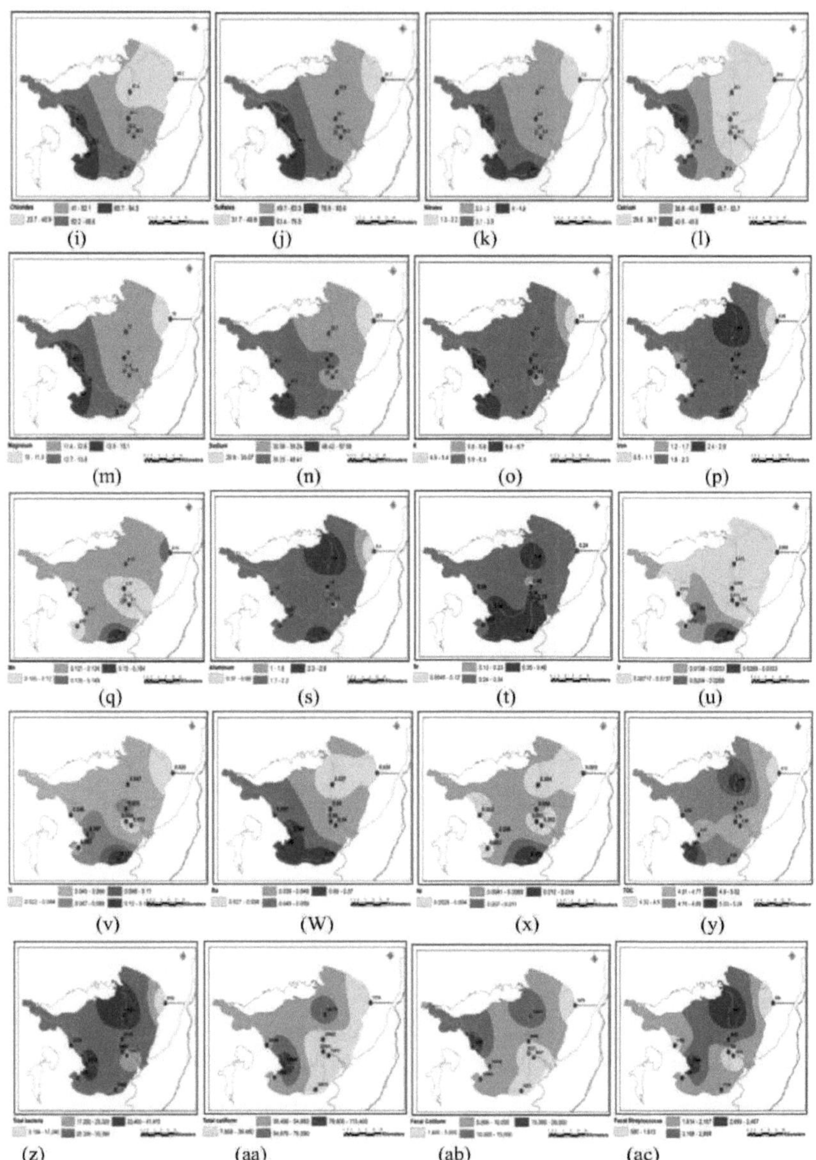
(i)
(j)
(k)
(l)
(m)
(n)
(o)
(p)
(q)
(s)
(t)
(u)
(v)
(W)
(x)
(y)
(z)
(aa)
(ab)
(ac)

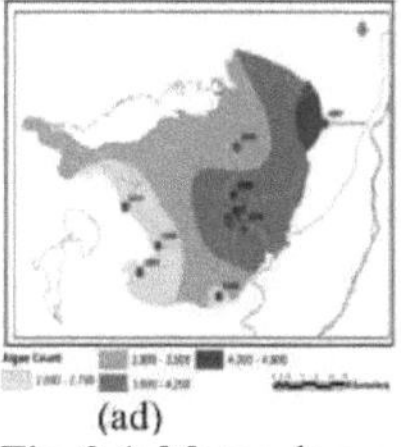

(ad)

Fig. 3.4: Mapas de previsão espacial dos parâmetros que reflectem as variações espaciais.

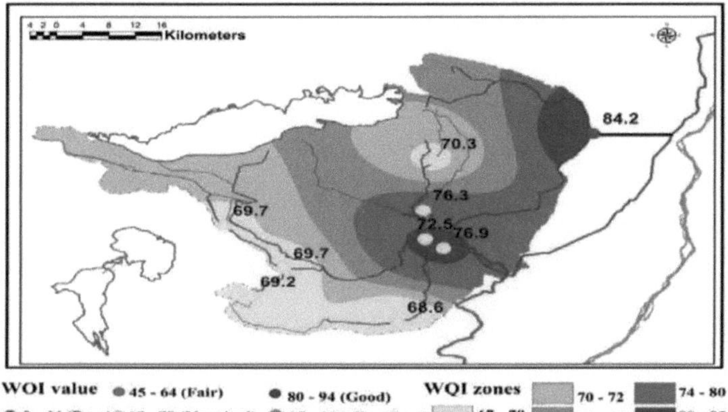


Fig. 3.5: Mapa de risco de previsão espacial do IQA.

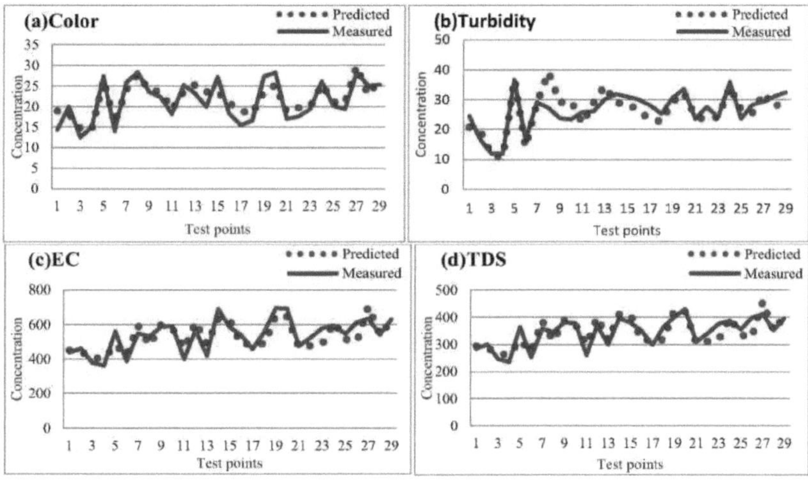

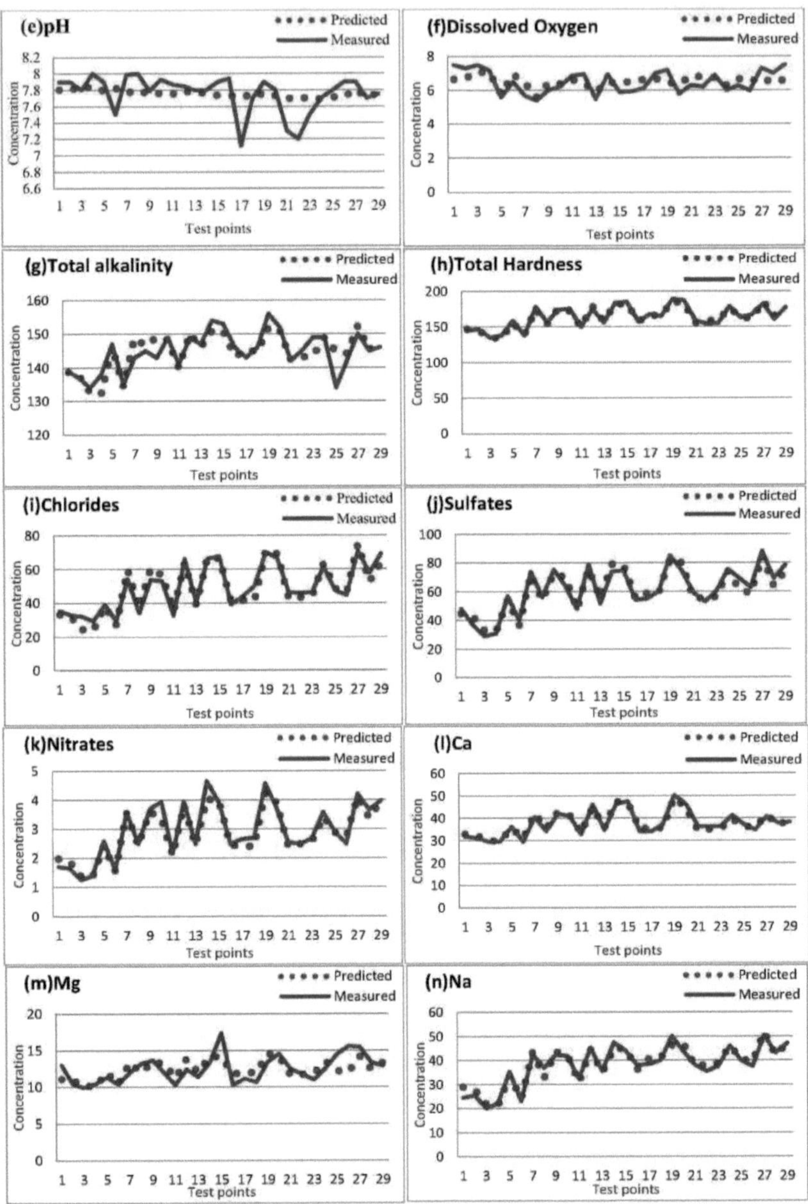

(e)pH
Predicted
Measured
Concentration
Test points
(f)Dissolved Oxygen
(g)Total alkalinity
(h)Total Hardness
(i)Chlorides
(j)Sulfates
(k)Nitrates
(l)Ca
(m)Mg
(n)Na

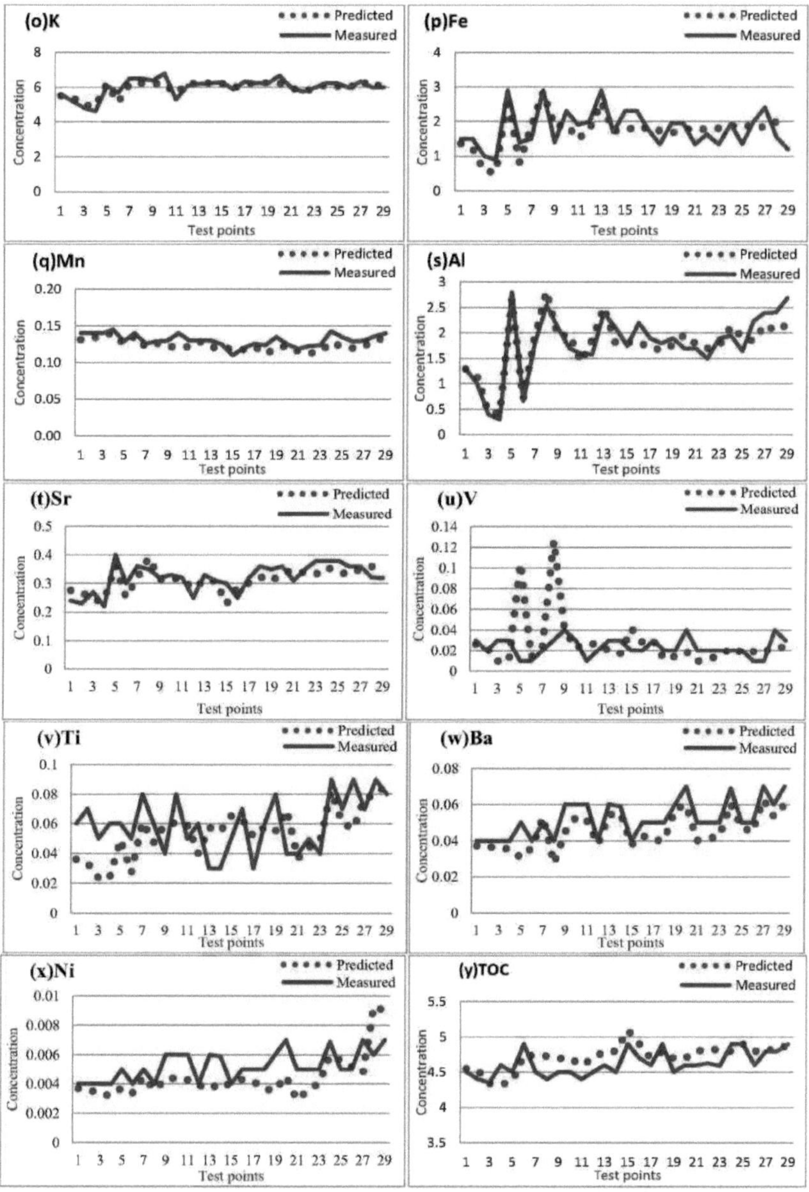

(o)K
(p)Fe
(q)Mn
(s)Al
(t)Sr
(u)V
(v)Ti
(w)Ba
(x)Ni
(y)TOC
Predicted
Measured
Concentration
Test points

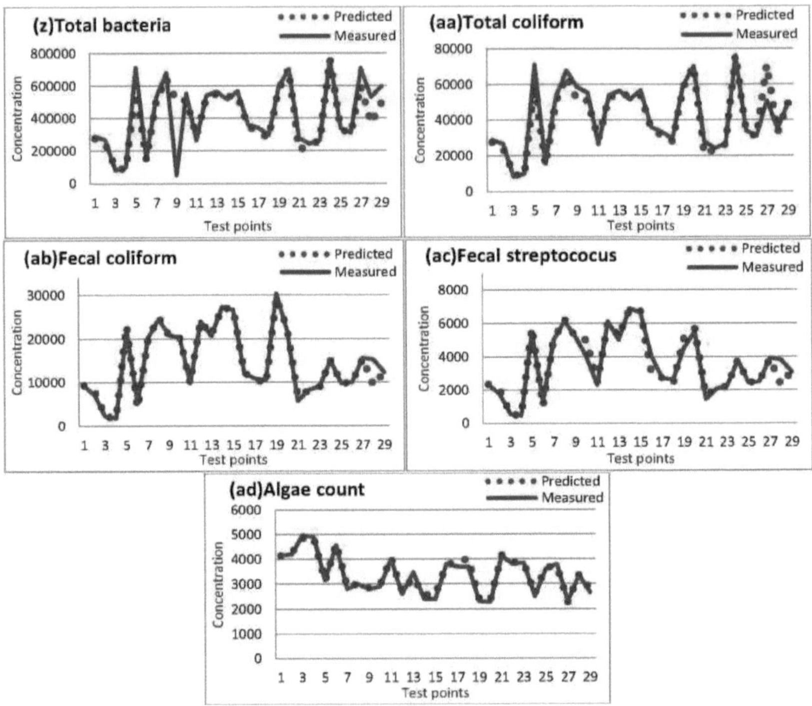


**Fig. 3.6:** Comparação entre os valores estimados e medidos dos pontos de teste.

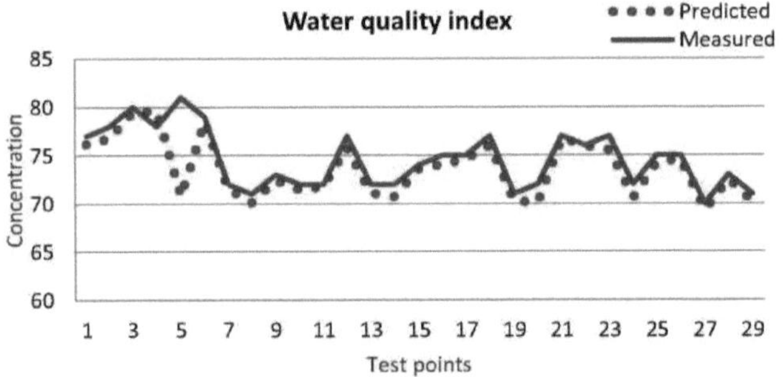


**Fig. 3.7:** Comparação entre os valores estimados e medidos do índice de qualidade da água para os pontos de teste.

**Tabela 3.3:** Validação da exatidão dos mapas de previsão para os parâmetros de qualidade da água.

| Validação<br>Parâmetro^^ | Erros de previsão | | | | | %G | r |
|---|---|---|---|---|---|---|---|
| | Média | MAE | MSE | RMSE | %RE | | |
| Cor | 21.4 | 1.88 | 4.70 | 2.17 | 8.79 | 79.69 | 0.91 |
| Turbidez | 26.5 | 2.95 | 14.11 | 3.76 | 11.15 | 96.00 | 0.83 |
| CE | 531.1 | 42.74 | 2499.92 | 50.00 | 8.05 | 98.65 | 0.85 |
| TDS | 345.2 | 25.13 | 926.29 | 30.44 | 7.28 | 98.81 | 0.84 |
| pH | 7.8 | 0.15 | 0.04 | 0.21 | 1.95 | 96.66 | 0.42 |
| DO | 6.5 | 0.48 | 0.28 | 0.53 | 7.34 | 70.73 | 0.60 |
| Alcalinidade total | 144.8 | 2.36 | 11.10 | 3.33 | 1.63 | 99.10 | 0.82 |
| Dureza total | 164.1 | 2.59 | 8.86 | 2.98 | 1.58 | 91.42 | 0.98 |
| Cl | 49.2 | 3.10 | 13.90 | 3.73 | 6.30 | 92.53 | 0.97 |
| SO4 | 61.4 | 3.39 | 24.50 | 4.95 | 5.52 | 95.63 | 0.97 |
| NO3 | 3.0 | 0.16 | 0.04 | 0.22 | 5.52 | 74.71 | 0.98 |
| Ca | 37.7 | 1.04 | 1.28 | 1.13 | 2.77 | 95.67 | 0.98 |
| Mg | 12.4 | 1.08 | 1.82 | 1.35 | 8.68 | 94.97 | 0.67 |
| Na | 38.1 | 1.60 | 0.00 | 0.00 | 4.20 | 98.18 | 0.97 |
| K | 6.0 | 0.16 | 0.05 | 0.23 | 2.70 | 85.75 | 0.90 |
| Fe | 1.8 | 0.33 | 0.15 | 0.38 | 18.63 | 86.61 | 0.73 |
| Mn | 0.13 | 0.01 | 0.0001 | 0.01 | 5.46 | 82.67 | 0.77 |
| Al | 1.8 | 0.20 | 0.05 | 0.23 | 11.13 | 97.71 | 0.93 |
| Sr | 0.3 | 0.03 | 0.00 | 0.03 | 9.34 | 98.00 | 0.73 |
| V | 0.0 | 0.02 | 0.00 | 0.03 | 64.03 | 72.37 | 0.19 |
| Ti | 0.1 | 0.02 | 0.00 | 0.02 | 28.99 | 60.79 | 0.38 |
| Ba | 0.1 | 0.01 | 0.00 | 0.01 | 13.44 | 77.74 | 0.54 |
| Ni | 0.0 | 0.00 | 0.00 | 0.00 | 25.62 | 41.53 | 0.53 |
| TOC | 4.6 | 0.15 | 0.03 | 0.18 | 3.34 | 96.95 | 0.633 |
| Bactérias totais | 419726 | 4720888 | 98341226 | 99167 | 11.25 | 69.84 | 0.88 |
| Coliformes totais | 42124 | 2850 | 24572402 | 4957 | 6.77 | 68.04 | 0.97 |
| Coliformes fecais | 14746 | 5048 | 1488767 | 1220 | 3.42 | 67.80 | 0.98 |

| | | | | | | | |
|---|---|---|---|---|---|---|---|
| **Streptococcus fecal** | 3571 | 220 | 173733 | 416 | 6.19 | 62.09 | 0.97 |
| **contagem de algas** | 3381 | 85 | 11948 | 109 | 2.52 | 87.82 | 0.99 |
| **WQI** | 74.6 | 1.13 | 4.40 | 2.10 | 1.51 | 93.46 | 0.81 |

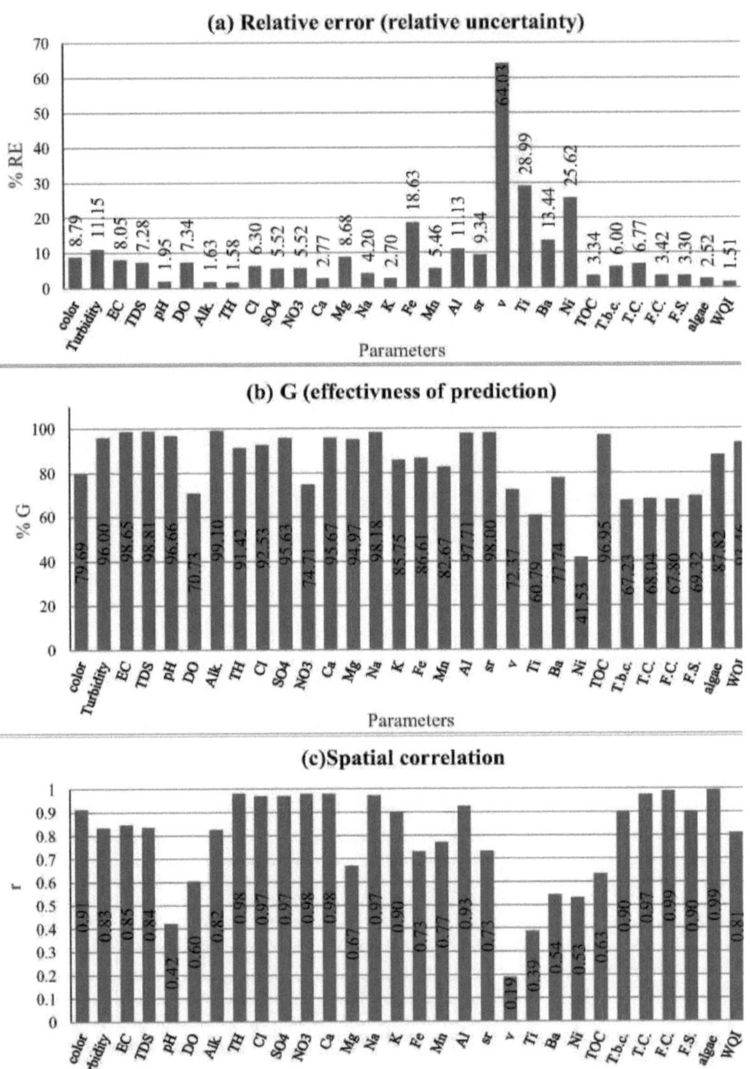


**Fig. 3.8:** Comparação entre (a) Percentagem de erro relativo (% RE), (b) Percentagem de eficácia da previsão (% G) e (c) Correlação espacial (r), para parâmetros de previsão.

### 3.3.1. Parâmetros físico-químicos

#### 3.3.1.1. Cor

Não existe uma correlação razoável, positiva ou negativa, entre a cor e todos os parâmetros estudados (Tabela 3.1). O modelo dinâmico espacial mostra uma redução da intensidade da cor de sudoeste para nordeste (Fig. 3.4a) com um erro relativo de previsão que não excede 8,79% em todos os pontos de teste (Fig. 3.8a). A eficácia da previsão para o modelo é de 79,69% (Fig. 3.8b, Tabela 3.3), enquanto a correlação espacial é altamente significativa com r = 0,91 (Tabela 3.3, Fig. 3.6a, Fig. 3.8c).

#### 3.3.1.2. Turbidez

Não existe uma correlação forte entre a turvação e nenhum dos parâmetros registados, mas observa-se uma correlação positiva moderada com o Fe e o Al a R = 0,5, registando-se também uma correlação negativa fraca com o DO e o pH (Quadro 3.1). O modelo de dinâmica espacial mostra um aumento da concentração de turvação de nordeste para oeste (Fig. 3.4b) com um erro relativo de previsão que não excede 11,15% em todos os pontos de ensaio (Fig. 3.8a). A eficácia de previsão do modelo é de 96 % (Quadro 3.3, Fig. 3.8b). Regista-se uma correlação espacial elevada com r = 0,83 (Quadro 3.3, Fig. 3.6b, Fig. 3.8c).

#### 3.3.1.3. Temperatura

A temperatura não apresenta uma correlação forte com outros parâmetros, embora apresente uma correlação positiva e negativa muito fraca com alguns dos parâmetros (Quadro 3.1). O modelo de dinâmica espacial não revela qualquer variação espacial nos sítios de amostragem.

#### 3.3.1.4. O logaritmo negativo da concentração de iões de hidrogénio (pH)

O pH apresenta uma correlação positiva e negativa muito fraca com todos os parâmetros estudados (Quadro 3.1). O modelo dinâmico espacial (Fig. 3.4e) mostra uma tendência de aumento dos valores de pH a nordeste com um erro relativo na previsão que não excede 1,95% em todos os pontos de teste (Fig. 3.8a). A eficácia da previsão do modelo é de 96,66% (Quadro 3.3, Fig. 3.8b). É registada uma correlação espacial elevada com r = 0,42 (Quadro 3.3, Fig. 3.6e, Fig. 3.8c).

#### 3.3.1.5. Condutividade eléctrica (CE)

A CE mostra uma correlação positiva elevada em R = 0,9 para TDS e Cl, tal correlação é notada em R = 0,8 para dureza total, SO4 e Mg. Apresenta uma correlação positiva moderada para a alcalinidade, Ca e Na a r = 0,7; para NO3 a R = 0,5 e para Sr a R = 0,6 (Tabela 3.1). O modelo de regressão prevê valores de TDS, dureza total, Cl, SO4 e Mg (Tabela 3.2) que validam para mostrar um erro relativo de 3,04%, 1,3%, 8,77%, 4,47% e 1,77%, respetivamente, com a %RE mais baixa para a dureza total (Tabela 3.2). O modelo dinâmico espacial da Fig. 3.4c mostra uma tendência de aumento da concentração de CE de nordeste para sudoeste, com um erro relativo na previsão que não excede 8,05% em todos os pontos de ensaio (Fig. 3.8a). A eficácia da previsão do modelo é de 98,65% (Fig. 3.8b, Tabela 3.3). É registada uma correlação espacial elevada com r = 0,85 (Quadro 3.3, Fig. 3.6c, Fig. 3.8c).

#### 3.3.1.6. Sólidos totais dissolvidos (TDS)

O TDS apresenta uma correlação positiva elevada em R = 0,9 para a CE, Cl e em R = 0,8 para a dureza total, SO4 e Mg. Apresenta uma correlação positiva moderada com a alcalinidade, Ca e Na a r = 0,6; com Sr a R = 0,5. O modelo de regressão prevê os valores de CE, dureza total, Cl, SO4 e Mg com TDS e valida para mostrar um erro relativo (3,04%, 1,3%, 8,77%, 4,06% e 3,05%, respetivamente) com a %RE mais baixa no caso de TDS e dureza total no modelo de regressão (Tabela 3.2). O modelo de dinâmica espacial mostra uma tendência de aumento da concentração de TDS de nordeste para sudoeste (Fig. 3.4d) com um erro relativo de previsão inferior a 7,28% em todos os pontos de ensaio (Fig. 3.8a, Tabela 3.3). A eficácia da previsão do modelo é de 98,81 % (Fig. 3.8b, Quadro 3.3). É registada uma correlação espacial elevada com r = 0,84 (Quadro 3.3, Fig. 3.6d, Fig. 3.8c).

#### 3.3.1.7. Alcalinidade total (TA)

A alcalinidade total apresenta uma correlação positiva moderada (r = 0,7) com a CE, a dureza total, o Cl, o SO4 e o Na, sendo essa correlação observada a R = 0,6 para o TDS, o Ca e o Mg, com R = 0,5 para o Sr (Quadro 3.1). Correlações positivas e negativas fracas com outros parâmetros estudados (Quadro 3.1). O modelo de dinâmica espacial mostra uma tendência de aumento da concentração de alcalinidade total de nordeste para oeste (Fig. 3.4g) com um erro relativo na previsão que não excede 1,63% em todos os pontos de teste (Tabela 3.3, Fig. 3.8a). A eficácia da previsão do modelo é de 99,1 %, como mostra o Quadro 3.3, o que representa o valor mais elevado de G% do modelo (Fig. 3.8b). A correlação espacial registada é de r = 0,82 (Tabela 3.3, Fig. 3.8c).

#### 3.3.1.8. Dureza total (TH) como $(CaCO)_3$

A dureza total apresenta uma correlação positiva elevada a R = 0,8 para TDS, EC e Cl. A dureza total apresenta uma correlação positiva moderada com R = 0,7 para a alcalinidade total, $SO_4$, Ca, Mg e Na e R = 0,5 para Sr. A dureza total apresenta uma correlação positiva e negativa fraca com outros parâmetros estudados (Quadro 3.1). O modelo de regressão mostra valores de previsão de TDS, EC, Cl com valores de dureza total e valida o erro relativo como mencionado acima para TDS, EC e 9,74% para Cl (Tabela 3.2). O modelo de dinâmica espacial mostra uma tendência de aumento da concentração de dureza total de nordeste para oeste (Fig. 3.4h) com um erro relativo na previsão que não excede 1,58% em todos os pontos de teste (Tabela 3.3, Fig. 3.8a). A eficácia da previsão do modelo é de 91,42 % (Quadro 3.3, Fig. 3.8b). Regista-se uma correlação espacial elevada com r = 0,98 (Quadro 3.3, Fig. 3.6h Fig. 3.8c).

#### 3.3.1.9. Oxigénio dissolvido (DO)

O OD apresenta uma fraca correlação positiva e negativa com todos os parâmetros estudados (Tabela 3.1). O modelo dinâmico espacial mostra uma concentração máxima de DO a nordeste e sudeste (Fig. 3.4f) com um erro relativo na previsão que não excede 7,34% em todos os pontos de teste (Tabela 3.3, Fig. 3.8a). A eficácia da previsão do modelo é de 70,73% (Tabela 3.3, Fig. 3.8b). A correlação espacial registada é de r = 0,60 (Quadro 3.3, Fig. 3.6f, Fig. 3.8c).

### 3.3.2. Aniões principais

#### 3.3.2.1. Cloretos (Cl)

O Cl apresenta uma correlação positiva elevada com R = 0,9 para TDS e EC e R = 0,8 para dureza total, $SO_4$, Mg. Entretanto, o Cl apresenta uma correlação positiva moderada R =0,7 para a alcalinidade total, Ca, Na e, finalmente, R =0,5 para o Sr. Por outro lado, existe uma fraca correlação positiva e negativa com outros parâmetros estudados (Quadro 3.1). O modelo de regressão mostra valores de previsão de TDS, CE, $SO_4$, Mg e dureza total com Cl (Tabela 3.2). que validam o erro relativo para TDS, CE, dureza total como mencionado anteriormente e $SO_4$, Mg (16,77% e 3,39%, respetivamente) com %RE mais elevado na previsão de regressão no caso de Cl e SO4 (Tabela 3.2). O modelo dinâmico espacial mostra uma tendência de aumento da concentração de Cl de nordeste para noroeste (Fig. 3.4i) com um erro relativo na previsão que não excede 6,30% em todos os pontos de teste (Tabela 3.3, Fig. 3.8a). A eficácia da previsão do modelo é também de 92,53 % (Fig. 3.8c, Quadro 3.3). Regista-se uma correlação espacial elevada com r = 0,97 (Quadro 3.3, Fig. 3.6i, Fig. 3.8b).

#### 3.3.2.2. Sulfatos ($SO_4$)

O $SO_4$ mostra uma correlação positiva elevada a R = 0,8 para TDS, EC e Cl; correlação positiva moderada a R = 0,7 para dureza total, alcalinidade total, Ca, Mg, Na e a R = 0,6 para NO3 e Sr. Por outro lado, é mostrada uma correlação positiva e negativa fraca com outros parâmetros estudados (Tabela 3.1). O modelo de regressão mostra valores previstos de TDS, EC e Cl com $SO_4$ e validado como mencionado anteriormente (Tabela 3.2). O modelo de dinâmica espacial mostra uma tendência de aumento da concentração de $SO_4$ de nordeste para sudoeste (Fig. 3.4j) com um erro relativo na previsão que não excede 5,52% em todos os pontos de teste (Tabela 3.3, Fig. 3.8a). A eficácia da previsão do modelo é também de 95,63% (Quadro 3.3, Fig. 3.8b). É registada uma correlação espacial elevada com r = 0,97 (Quadro 3.3, Fig. 3.6j, Fig. 3.8c).

#### 3.3.2.3. Nitratos como ($NO_3$)

$NO_3$ mostra uma correlação positiva moderada a R =0,6 para $SO_4$ , Na e a R =0,5 para CE e Ca. Por outro lado, apresenta uma fraca correlação positiva e negativa com outros parâmetros estudados (Quadro 3.1). O modelo dinâmico espacial mostra uma tendência de aumento da concentração de $NO_3$ de nordeste para oeste (Fig. 3.4k) com um erro relativo na previsão que não excede 5,52% em todos os pontos de teste (Tabela 3.3, Fig. 3.8a). A eficácia da previsão do modelo é de 74,71% (Tabela 3.3, Fig. 3.8b). É registada uma correlação espacial elevada com r = 0,98 (Quadro 3.3, Fig. 3.6k, Fig. 3.8c).

### 3.3.3. Catiões principais

#### 3.3.3.I. Cálcio (Ca)

Correlação positiva moderada do Ca com CE, dureza total, Cl, $SO_4$ , Mg e Na a R =0,7; com TDS, alcalinidade total e Sr a R =0,6 e a R =0,5 para $NO_3$ . Apresenta uma fraca correlação positiva e negativa com outros parâmetros estudados (Quadro 3.1). O modelo de dinâmica espacial mostra uma tendência de aumento da concentração de Ca de nordeste para oeste (Fig. 3.4l) com um erro relativo de previsão que não excede 2,77% em todos os pontos de ensaio (Quadro 3.3, Fig. 3.8a). A eficácia da previsão do modelo é de 95,67% (Quadro 3.3, Fig. 3.8b). É registada uma correlação espacial elevada com r = 0,98 (Quadro 3.3, Fig. 3.6l, Fig. 3.8c).

#### 3.3.3.2. Magnésio (Mg)

O Mg apresenta uma correlação positiva elevada a R = 0,8 para TDS, EC, Cl. O Mg apresenta uma correlação positiva moderada a R = 0,7 para a dureza total, SO4 e Ca. Também a R = 0,6 para a alcalinidade total; com Na, depois a R = 0,5 para Sr. O Mg mostra uma correlação positiva e negativa fraca com outros parâmetros estudados (Tabela 3.1). O modelo de regressão mostra a previsão dos valores de TDS, EC, Cl com Mg e é validado através do cálculo do erro relativo, como mencionado anteriormente (Tabela 3.2).

O modelo de dinâmica espacial mostra uma tendência de aumento da concentração de Mg de nordeste para oeste (Fig. 3.4m) com um erro relativo na previsão que não excede 8,68% em todos os pontos de teste (Tabela 3.3, Fig. 3.8a). A eficácia da previsão do modelo é de 94,97 % (Tabela
3.3, Fig. 3.8b). A correlação espacial registada é de r = 0,67 (Quadro 3.3, Fig. 3.6m, Fig. 3.8c).

#### 3.3.3.3, Sódio (Na)

Correlação positiva moderada com R = 0,7 para CE, alcalinidade total, dureza total, Cl, SO4 e Ca, com R = 0,6 para TDS, $NO_3$ , Mg e Sr; com R = 0,5 para K. Por outro lado, o Na apresenta uma fraca correlação positiva e negativa com outros parâmetros estudados (Quadro 3.1). O modelo dinâmico espacial mostra uma tendência de aumento da concentração de Na de nordeste para sudoeste (Fig. 3.4n) com um erro relativo na previsão que não excede 4,20% em todos os pontos de ensaio (Quadro 3.3, Fig. 3.8a). A eficácia da previsão do modelo é de

98,18 % (Tabela 3.3, Fig. 3.8b). É registada uma correlação espacial elevada com r = 0,97 (Quadro 3.3, Fig. 3.6n, Fig. 3.8c).

#### 3.3.3.4. Potássio (k)

Não existe uma correlação forte entre k e outros parâmetros, exceto uma correlação positiva moderada entre k e Na a R = 0,5. Caso contrário, o K apresenta uma fraca correlação positiva e negativa com outros parâmetros estudados (Quadro 3.1). O modelo de dinâmica espacial mostra uma tendência de aumento da concentração de K de nordeste para oeste (Fig. 3.4o), com um erro relativo de previsão não superior a 2,70 % em todos os pontos de ensaio (Quadro 3.3, Fig. 3.8a). A eficácia da previsão do modelo é de 85,75 % (Quadro 3.3, Fig. 3.8b). Regista-se uma correlação espacial elevada com r = 0,90 (Quadro 3.3, Fig. 3.6o, Fig. 3.8c).

### 3.3.4. Metais

#### 3.3.4.1. Ferro (Fe)

O Fe apresenta uma correlação positiva elevada a R = 0,8 para o Al. Correlação positiva moderada a R = 0,5 para a turvação e V. Por outro lado, o Fe apresenta uma correlação positiva e negativa fraca com outros parâmetros estudados (Quadro 3.1). O modelo de regressão mostra a previsão de valores de Al com valores de Fe e é validado através do cálculo do erro relativo de 5,52% (Quadro 3.2).

O modelo de dinâmica espacial mostra uma tendência de aumento da concentração de Fe de nordeste para norte (Fig. 3.4p) com um erro relativo na previsão que não excede 18,63% em todos os pontos de teste (Tabela 3.3, Fig. 3.8a). A eficácia da previsão do modelo também é de 86,61% (Tabela 3.3, Fig. 3.8b). A correlação espacial registada é de r = 0,73 (Quadro 3.3, Fig. 3.6p, Fig. 3.8c).

#### 3.3.4.2. Manganês (Mn)

O Mn apresenta uma fraca correlação positiva e negativa com todos os parâmetros estudados (Quadro 3.1). O modelo de dinâmica espacial não mostrou qualquer padrão específico (Fig. 3.4q) com um erro relativo de previsão que não excede 5,46% em todos os pontos de teste (Quadro 3.3, Fig. 3.8a). A eficácia da previsão do modelo também é de 82,67% (Tabela 3.3, Fig. 3.8b). A correlação espacial registada é de r = 0,77 (Quadro 3.3, Fig. 3.6q, Fig. 3.8c).

#### 3.3.4.3. Alumínio (Al)

O Al apresenta uma correlação positiva elevada a R = 0,8 para o Fe. Correlação positiva moderada a R = 0,5 para a turvação. O Al apresenta uma fraca correlação positiva e negativa com outros parâmetros estudados (Quadro 3.1). O modelo de regressão mostra valores de previsão de Fe com Al validados como mencionado anteriormente (Tabela 3.2).

O modelo de dinâmica espacial mostra uma tendência de aumento da concentração de Al de nordeste para norte (Fig. 3.4s) que tem um padrão idêntico ao do Fe, com um erro relativo na previsão que não excede 11,13% em todos os pontos de teste (Tabela 3.3, Fig. 3.8a). A eficácia da previsão do modelo também é de 97,71% (Tabela 3.3, Fig. 3.8b). É registada uma correlação espacial elevada com r = 0,93 (Quadro 3.3, Fig. 3.6s, Fig. 3.8c).

#### 3.3.4.4. Estrôncio (Sr)

O Sr apresenta uma correlação positiva moderada com R = 0,6 para a CE, $SO_4$ , Ca e Na; com R = 0,5 para TDS, dureza total, alcalinidade total, Cl e Mg. O Sr apresenta uma fraca correlação positiva e negativa com outros parâmetros estudados (Quadro 3.1). O modelo dinâmico espacial não mostrou qualquer padrão específico (Fig. 3.4t) com um erro relativo de previsão não superior a 9,34% em todos os pontos de teste (Tabela 3.3, Fig. 3.8a). A eficácia da previsão do modelo é também de 98% (Quadro 3.3, Fig. 3.8a). A correlação espacial registada é de r = 0,73 (Quadro 3.3, Fig. 3.6t, Fig. 3.8c).

#### 3.3.4.5. Vanádio (V)

V apresenta uma correlação positiva moderada a R = 0,5 para Fe. V apresenta uma fraca correlação positiva e negativa com outros parâmetros estudados (Quadro 3.1). A validação do modelo dinâmico espacial não mostrou qualquer padrão específico (Fig. 3.4u) com um erro relativo de previsão de 64,03% em todos os pontos de ensaio, o que representa o erro relativo mais elevado do modelo (Quadro 3.3, Fig. 3.8a). Além disso, a eficácia da previsão do modelo é de 72,37% (Tabela 3.3, Fig. 3.8b). A correlação espacial é registada em r = 0,19 (Quadro 3.3, Fig. 3.6u), que representa a correlação mais baixa (Fig. 3.8c).

#### 3.3.4.6. Chumbo, Cádmio, Arsénio, Crómio, Cobalto, Cobre, Níquel, Bário e Titânio

Todos os resultados de Pb, Cd, As, Cr e Co estão abaixo do limite de deteção (Pb = 0,0017, Cd = 0,00016, As = 0,0026, Cr = 0,00057 e Co = 0,0013), pelo que nenhum dos modelos testados apresenta quaisquer resultados para estes metais. Existe uma fraca correlação positiva e negativa entre Cu, Ni, Ba, Ti e outros parâmetros (Quadro 3.1). O modelo de dinâmica espacial para o Ti não apresenta qualquer padrão específico (Fig. 3.5v) com um erro relativo de previsão que não excede 28,99% em todos os pontos de ensaio (Fig. 3.8a). A eficácia da previsão do modelo também é de 60,79% (Tabela 3.3, Fig. 3.8b). A correlação espacial registada é de r =0,38 (Tabela 3.3, Fig. 3.6v, Fig. 3.8c). O modelo dinâmico espacial para Ba não apresenta qualquer padrão específico (Fig. 3.4w) com um erro relativo de 13,44 % em todos os pontos de ensaio (Quadro 3.3, Fig. 3.8a). A eficácia da previsão do modelo é também de 77,74 % (Quadro 3.3, Fig. 3.8b). A correlação espacial registada é de r = 0,54 (Quadro 3.3, Fig. 3.6w, Fig. 3.8c). O modelo de dinâmica espacial para o Ni não mostrou qualquer padrão específico (Fig. 3.4x) com um erro relativo de 25,62 % em todos os pontos de ensaio (Fig. 3.8a). Além disso, a eficácia da previsão do modelo é de 41,53 % (Quadro 3.3, Fig. 3.8b), o que representa a G% mais baixa (Fig. 3.8b). A correlação espacial registada é de r = 0,53 (Quadro 3.3, Fig. 3.6x, Fig. 3.8c).

### 3.3.5. Parâmetro orgânico

#### 3.3.5.I. Carbono orgânico total (TOC)

O COT apresenta uma correlação positiva fraca e uma correlação negativa com todos os parâmetros estudados (Quadro 3.1). O modelo de dinâmica espacial mostra uma tendência de aumento da concentração de COT de nordeste para sudoeste (Fig. 3.4y) com um erro relativo na previsão que não excede 3,34 % em todos os pontos de ensaio (Quadro 3.3, Fig. 3.8a). A eficácia da previsão do modelo é também de 96,95 % (Quadro 3.3, Fig. 3.8b). A correlação espacial registada é de r = 0,63 (Quadro 3.3, Fig. 3.6y, Fig. 3.8c).

### 3.3.6. Parâmetros biológicos

Os parâmetros biológicos mostram uma fraca correlação positiva e negativa com outros parâmetros estudados (Quadro 3.1). O modelo dinâmico espacial da Fig. 3.4z mostra uma contagem bacteriana mínima a nordeste com um erro relativo que não excede 11,25% em todos os pontos de teste (Fig. 3.8a). A eficácia da previsão do modelo é também de 69,84% (Quadro 3.3, Fig. 3.8b). É registada uma correlação espacial elevada com r = 0,88 (Quadro 3.3, Fig. 3.6z, Fig. 3.8c). A validação do modelo dinâmico espacial da Fig. 3.4aa mostra um mínimo de coliformes totais a leste, com um erro relativo de previsão que não excede 6,77% em todos os pontos de teste (Quadro 3.3, Fig. 3.8a). A eficácia da previsão do modelo é também de 68,04% (Quadro 3.3, Fig. 3.8b). Foi registada uma correlação espacial elevada com r = 0,97 (Quadro 3.3, Fig. 3.6aa, Fig. 3.8c). Relativamente aos coliformes fecais, o modelo de dinâmica espacial da Fig. 3.4ab não mostra qualquer padrão espacial específico, com um erro relativo que não excede 3,4% em todos os pontos de teste (Fig. 3.8a). A eficácia da previsão do modelo é também de 67,80% (Quadro 3.3, Fig. 3.8b). Foi registada uma correlação espacial elevada com r = 0,98 (Quadro 3.3, Fig. 3.6ab, Fig. 3.8c). No caso dos estreptococos fecais, o modelo dinâmico espacial da Fig. 3.4ac não apresenta qualquer padrão com um erro relativo de previsão que não excede 6,19% em todos os pontos de teste (Quadro 3.3, Fig. 3.8a). A eficácia da previsão do modelo é também de 62,09% (Quadro 3.3, Fig. 3.8b). É registada uma correlação espacial elevada com r = 0,97 (Quadro 3.3, Fig. 3.6ac, Fig. 3.8c).

O modelo de dinâmica espacial da Fig. 3.4ad mostra uma diminuição da contagem de algas de nordeste para oeste, que tem um padrão idêntico ao de Fe, com um erro relativo na previsão que não excede 2,52% em todos os pontos de teste (Fig. 3.8a). A eficácia da previsão do modelo é também de 87,82% (Quadro 3.3, Fig. 3.8b). É registada uma correlação espacial elevada com r = 0,99 (Tabela
3.3, Fig. 3.6ad) que representa a correlação mais elevada (Quadro 3.3, Fig. 3.8c).

### 3.3.7. Índice de qualidade da água (IQA)

O modelo do índice de qualidade da água mostra a não conformidade de TDS, DO, Fe, Mn, Cu, Zn e Ni de acordo com as normas nacionais e os parâmetros bacteriológicos (TC, FC e FS) de acordo com as normas internacionais. Não existe uma correlação forte entre o IQA e os parâmetros estudados, exceto uma correlação negativa moderada entre o IQA e o Fe e o Al (R = - 0,6 e - 0,5, respetivamente). O IQA apresentou uma correlação negativa fraca com a turvação e a cor e positiva com a contagem de algas (Quadro 3.1). O modelo dinâmico espacial mostra um aumento do IQA de noroeste para nordeste (Fig. 3.5) com um erro relativo na previsão que não excede 1,51% em todos os pontos de teste, o que representa o erro relativo mais baixo (Tabela 3.3, Fig. 3.8a). A eficácia da previsão do modelo é de 93,46 % (Quadro 3.3, Fig. 3.8b). É registada uma correlação espacial elevada com r = 0,81 (Quadro 3.3, Fig. 3.7, Fig. 3.8c).

## 3.4. Discussão

### 3.4.1. Correlação estatística e modelo de regressão

A temperatura da água de todas as águas superficiais amostradas mostrou uma correlação negativa fraca com outros parâmetros avaliados, o que pode ser explicado pela ausência de qualquer contaminação térmica na fonte de água, o que está de acordo com Jinal & Minakshi (2015) que relataram resultados semelhantes. Os valores de turbidez apresentaram uma correlação negativa fraca com o OD e o pH, semelhante aos resultados de Ezzat et al. (2012) e Mostafa (2014). Isto pode ser explicado pelo efeito negativo da turvação na iluminação das águas superficiais, que diminui as actividades fotossintéticas e a produtividade primária. Foi registada uma correlação positiva e negativa muito fraca entre o pH e todos os parâmetros estudados, em conformidade com as conclusões de Kar et al. (2008).

A CE e o TDS mostraram uma correlação forte a moderada com a dureza total, alcalinidade, Ca, Mg, Na, Cl, $NO_3$ e $SO_4$. Isto foi semelhante às descobertas de Trivedi et al. (2009), Toufeek e Korium (2009), Abdo et al. (2010), Abdul Saleem et al. (2012), Florence et al.(2012), Khatoon et al. (2013), Quality Management Group (2014) e Jinal & Minakshi (2015) que relataram que a correlação entre os parâmetros acima mostrou aproximadamente uma tendência análoga. A correlação observada foi registada em todas as estações, indicando que a maioria dos iões estava envolvida em várias reacções físico-químicas, como a oxidação-redução e a troca iónica nas águas de superfície (Subba Rao, 2002). Vários estudos registaram concentrações crescentes de TDS em muitas das estações de amostragem de águas superficiais em todo o mundo. Níveis elevados de TDS têm um impacto negativo na qualidade da água potável (Mahmoud et al., 2016) e no estado de saúde dos ecossistemas aquáticos (OMS, 2011). O TDS tem sido associado ao escoamento de áreas urbanas e agrícolas, e está provavelmente associado ao escoamento de cloreto de sódio, cloreto de cálcio e outros sais. As descargas de águas residuais das estações de tratamento também podem contribuir para o aumento das cargas de TDS (Environmental Trends Report, 2012). Do mesmo modo, no presente estudo, a forte correlação estatística entre o TDS e outros parâmetros pode provar a sua origem na drenagem e na descarga de águas residuais.

A dureza da água apresentou uma correlação elevada com a maioria dos parâmetros. Trivedi et al. (2009) registaram uma correlação semelhante para a dureza total com Ca, Mg, SO4 e Cl. Esta correlação indica que a dureza das águas superficiais na área de estudo se deve principalmente aos sais de SO4 e Cl com Ca e Mg. Também foi provada uma correlação positiva entre Ca e Mg e entre cada um deles e so4, o que poderia explicar a maior solubilidade do MgSO4 quando comparado com os compostos equivalentes de Ca. O teor de SO4 é limitado pela presença de iões Ca, juntamente com os quais formam um CaSO ligeiramente solúvel4 (Nikanorov, 2015).

A correlação positiva registada entre o Ca, o Mg e o Na e o Cl indica uma grande capacidade migratória relacionada com a solubilidade muito elevada dos sais de Na, Mg e Ca. A concentração de Cl nas águas de superfície, particularmente associada a resíduos industriais e municipais (OMS, 2011 e Nikanorov, 2015). A forte correlação de Cl como indicador de poluição em amostras de água indicou que as águas superficiais na província de El Fayoum estão contaminadas por esgotos devido às práticas de descarga de esgotos no curso de água. A correlação positiva de NO3 com Cl também apoia este facto através da explicação sugerida pelo Relatório de Tendências Ambientais (2012) de que quantidades significativas de NO3 entram em corpos de água a partir de aplicações de fertilizantes pela agricultura e paisagismo, gestão inadequada de estrume pela agricultura e fontes pontuais, tais como estações de tratamento de águas residuais. Relativamente ao sulfato, a variação do seu teor representa o estado de poluição (WHO, 2011). Assim, a correlação de parâmetros com sulfatos indica a presença de poluição da mesma origem, tal como referido por Ezzat et al. (2012) para explicar a correlação das águas superficiais com o impacto da descarga de drenagem.

A fraca correlação observada entre o K e outros parâmetros pode dever-se à sua ocorrência em concentrações mais baixas nas águas superficiais devido à sua fraca capacidade migratória. Isto deve-se à sua participação ativa em processos biológicos (Nikanorov, 2015). A correlação significativamente positiva de Al com Fe e V na água indica a sua origem comum, especialmente a partir da descarga de lamas de alúmen de estações de tratamento de água potável para fontes de água que se caracterizam por elevadas concentrações de Fe, Al e podem ser consideradas como uma das principais fontes de enriquecimento das águas superficiais com esses elementos (OMS, 2011). A distribuição de Sr descrita na água da ribeira segue de perto o padrão de distribuição dos iões principais na água da ribeira, especialmente os aniões Ca e SO4. O Sr está fortemente associado ao Ca e é indicativo de rochas calcárias, especialmente em associação com Sr, Mg e Ba. Isto explica a alta correlação positiva calculada entre Sr, catiões principais e aniões principais. McLennan e Murray (1999) referiram que os níveis de Sr na água dos cursos de água apresentavam uma tendência para se correlacionarem com a CE, o Ca, o Mg e o so4.

Metais como Cu, Fe, Mn, Ni e Zn são essenciais como micronutrientes para os processos vitais das plantas e dos microrganismos, enquanto muitos outros metais como Cd, Cr e Pb não têm atividade fisiológica conhecida e são considerados metais não essenciais. Está provado que os metais foram detectados no presente estudo para além do limite de deteção do método de análise. As fontes dos metais Cu, Fe, Mn, Ni e Zn podem incluir a meteorização de rochas e solos, descargas de águas residuais e deposição atmosférica (Ezzat et al., 2012). A correlação muito fraca entre os metais vestigiais detectados pode refletir a natureza da poluição na área de estudo, que é caracterizada principalmente por descargas agrícolas e de águas residuais e não por descargas industriais no curso de água. Resultados semelhantes foram registados por Kar et al. (2008) no rio Ganga em Bengala Ocidental. No que diz respeito ao COT, a correlação é fraca, especialmente negativa, com a temperatura, o que pode ser explicado pelo aumento do COT no inverno, resultados semelhantes aos de Jianrong Wei et al. (2010) e Ibrahim H. e Abu-Shanab M. (2013), que referiram que a variação do valor médio do nível de COT foi inverno > outono > primavera > verão na água bruta.

A fraca correlação entre os parâmetros bacteriológicos e as algas com outros parâmetros físico-químicos e químicos indica que o principal impacto nas águas superficiais é a fonte pontual de descarga de drenagem e não a fonte não pontual de descarga de esgotos. Este facto foi previamente aprovado pela elevada correlação positiva dos parâmetros estudados com os poluentes da drenagem, conforme mencionado abaixo (OMS, 2011).

A validação da precisão do modelo de regressão forneceu percentagens de erro relativo que indicam uma elevada precisão do desempenho do modelo de previsão para parâmetros altamente correlacionados. O erro elevado na previsão para o cloreto e o sulfato, seguido do cloreto e da dureza total, indicou um baixo desempenho do modelo com indicadores de poluição (Cl e $SO_4$), o que pode ser devido à dependência das águas de esgoto e de drenagem de irrigação receptoras nas águas superficiais. Por outro lado, a dureza mostrou baixo erro relativo na previsão de regressão com TDS e CE e isso pode ser explicado pela presença de catiões como Ca e Mg e aniões como carbonato, bicarbonato, cloreto e sulfato na água que representam a principal fonte de TDS e CE (OMS, 2011).

### 3.4.2. Modelo de previsão dinâmica espacial

Todos os parâmetros, exceto o DO e as algas em suspensão, apresentaram a sua concentração mais elevada no lado ocidental da área de estudo, que é representado principalmente por sub-canais, seguido de canais a nordeste, que representam o rio com um elevado caudal de água que diminuiu o efeito da drenagem e das descargas domésticas, acompanhado de um baixo número de habitantes. Os resultados mostraram que os intervalos efectivos da maioria dos parâmetros das águas superficiais estão próximos uns dos outros, o que pode indicar a sua elevada correlação em todos os parâmetros da água estudados com base no modelo de estrutura espacial. Estes resultados indicaram uma elevada precisão na interpolação com elevada eficácia de previsão e baixo erro relativo em todos os parâmetros físico-químicos e químicos, com exceção do OD e dos metais vestigiais (V, Ti e Ni). Estes resultados concordam fortemente com os de Sallam e Embaby (2009), que validaram a utilização da previsão espacial para os poluentes da água e encontraram uma percentagem baixa de %RE. Relativamente ao elevado erro relativo observado para os parâmetros bacteriológicos, McIntyre et al. (2003) registaram resultados semelhantes no caso da previsão da contagem bacteriana, o que foi aprovado neste estudo pela diminuição da eficácia da previsão. O modelo espacial não forneceu previsões para concentrações muito baixas e parâmetros bacteriológicos com baixa %G e correlação e alta %RE. A percentagem positiva de G, que pode ser o resultado do algoritmo IDW, é a média ponderada da distância, segundo a qual os valores previstos não podem ser superiores ao valor real mais elevado nem inferiores ao valor real mais baixo (Mcintyre et al., 2003). Esta percentagem positiva de G indica que as previsões são mais fiáveis do que a utilização da média da amostra.

### 3.4.3. Modelo WOI

A correlação negativa registada entre o índice de qualidade da água e todos os parâmetros, exceto o DO, que apresentou uma correlação positiva, aprovou o conceito de que o modelo do índice de qualidade da água calcula a qualidade da água em função da concentração dos parâmetros (CCME, 2001). Vale a pena mencionar que a correlação do índice confirmou que o Al e o Fe são os parâmetros que mais contribuem para os cálculos do IQA, o que dá indicações sobre o impacto da descarga de lamas de alúmen nas águas superficiais. O aumento do IQA de noroeste para nordeste indica uma menor exposição à poluição, uma vez que a quantidade de água está a aumentar e, consequentemente, a induzir o seu efeito de diluição. A diminuição do erro relativo na previsão e o aumento da eficácia da previsão registados no presente estudo indicam que o IQA expressa a qualidade da água na área de estudo e reflecte também o elevado desempenho do modelo espacial. Mcintyre et al. (2003) também referiram que os SIG como interfaces e plataformas para modelos de qualidade da água são inevitáveis, e este facto deve ser tido em conta na fase de desenvolvimento, independentemente das aplicações imediatas de modelação.

## 3.5. Conclusões

O principal objetivo desta investigação é incorporar os resultados dos três algoritmos anteriores do estudo com o objetivo de avaliar a qualidade da água. Correlação, Regressão, WQI, modelos de previsão dinâmica espacial estabelecidos entre os parâmetros acima referidos para prever as fontes e o nível de poluição nas águas superficiais. Os resultados da avaliação espacial e estatística mostraram uma correlação elevada e uma elevada eficácia de previsão em TDS, EC, alcalinidade total e uma correlação fraca e eficácia de previsão em DO e em todos os parâmetros bacteriológicos. Os metais vestigiais apresentaram uma correlação fraca e não mostraram variações espaciais com baixa precisão na previsão. Os resultados da avaliação espacial e estatística mostraram uma correlação elevada de Fe, Al e o mesmo padrão na distribuição espacial. O OD e a contagem de algas têm o mesmo padrão de variação espacial e foram os únicos parâmetros que apresentaram uma correlação positiva com o IQA. Os métodos SIG podem ser aplicados de forma eficiente para complementar e alargar os resultados obtidos a partir da análise de regressão logística.

A avaliação das águas de superfície mostrou que a poluição na nossa área de estudo se deve principalmente a descargas agrícolas e de esgotos, e não a descargas industriais nos cursos de água. O principal impacto nas águas superficiais é a descarga de drenagem de fonte pontual e não a descarga de esgotos de fonte não pontual.

Os resultados obtidos a partir da validação do modelo de previsão dinâmica indicaram que se trata de um método bem sucedido para cartografar e prever os valores dos parâmetros de qualidade das águas superficiais à escala regional, com pontos de previsão máximos que atingem 4000 pontos nas águas superficiais. Assim, os custos de capital e operacionais de todas as amostras durante o programa de monitorização podem ser poupados através da utilização do modelo de previsão. Os factores que mais contribuíram para o sucesso do modelo são a média representativa dos resultados de um grande período de monitorização em várias mudanças sazonais que dão valor aos resultados. O modelo de previsão dinâmica tem a vantagem de ser relativamente simples e fácil de processar, altamente preciso, aplicável, dinâmico e económico, poupando muito dinheiro necessário para a amostragem e análise dos pontos previstos.

O estudo acima referido pode fornecer uma ferramenta para encontrar o valor dos parâmetros de qualidade da água e a extensão da poluição de forma teórica e espacial, o que tem valores práticos e económicos, não só dinâmicos e que poupam tempo, mas também económicos, uma vez que os trabalhadores não precisam de recolher dados em excesso de muitos locais adicionais ou de repetidas excursões no terreno. Para além da acessibilidade, flexibilidade e extensibilidade que caracterizam os modelos, estes podem ser considerados como um sistema de alerta precoce.

## 3.6. Recomendações

As presentes conclusões recomendam a utilização de modelos espaciais de correlação e de IQA como passo inicial e básico nos programas de monitorização e avaliação da qualidade da água. O trabalho alargado do presente estudo pode ajudar em acções correctivas e preventivas relacionadas com a gestão da água e o controlo da poluição.

Para melhorar a eficiência do desempenho dos modelos actuais, recomenda-se que se aumente o número de locais de amostragem e a área de amostragem abrangida para reduzir o risco associado à incerteza dos dados. Para além da qualidade da água, sugere-se a inclusão de outras variáveis, como o caudal, a velocidade, a largura, a tolerância e a densidade populacional das águas superficiais. Integrar a distribuição espacial sazonal da qualidade das águas superficiais utilizando o modelo dinâmico. Recomenda-se também a aplicação deste modelo à rede de distribuição de água potável e à qualidade das águas subterrâneas.

# RESUMO E CONCLUSÃO

## Resumo

O estudo incide sobre dois pontos principais da avaliação da água: a quantidade e a qualidade da água. Com o desenvolvimento de uma base de dados através de uma classificação, avaliação e modelação adequadas da qualidade das águas superficiais na província de El Fayoum e dos seus efeitos na saúde humana, que podem ser resumidos no seguinte fluxograma na Fig. 6.1.

**Fig. 6.1 :** Fluxograma que mostra o esquema de trabalho e de conclusão

## Conclusão

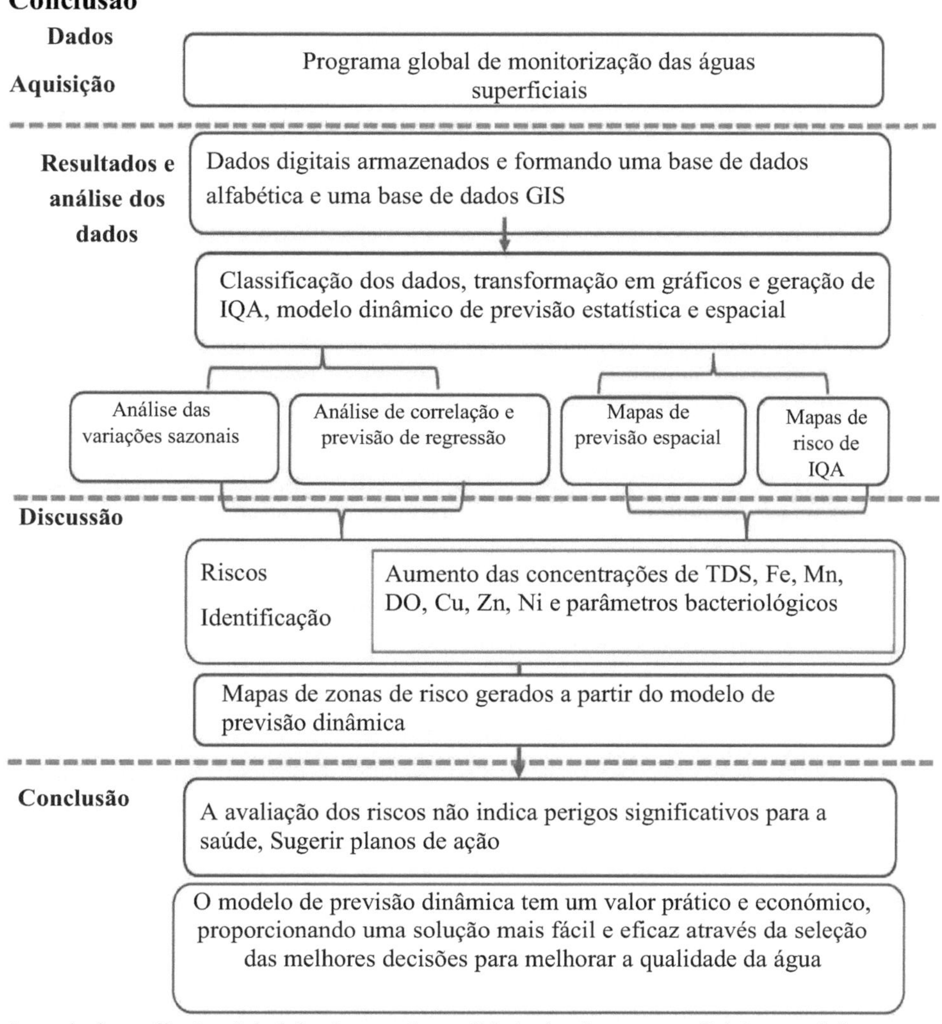


A partir da avaliação global do sistema de qualidade das águas superficiais, conclui-se que as águas superficiais são notavelmente influenciadas pelas descargas de águas residuais dos canais de drenagem e pelos resíduos de esgotos no que diz respeito ao caudal das águas

superficiais, especialmente no período de seca, o que deteriora seriamente a qualidade da água. Vale a pena mencionar que o rio ainda consegue recuperar o efeito da poluição em praticamente todos os locais, com muito poucas excepções. A descarga de lamas de alúmen da estação de tratamento de água potável a jusante na fonte de água de outra estação de tratamento sem qualquer tratamento aumentou a contaminação do fluxo de água e constitui uma carga para o sistema de tratamento de água.

O modelo dinâmico de previsão GIS provou ser uma ferramenta útil, poderosa e que poupa tempo na monitorização, avaliação e previsão da qualidade da água de forma prática e económica. Tem a vantagem de ser relativamente simples e fácil de processar, altamente preciso, aplicável, dinâmico e económico, uma vez que os trabalhadores não precisam de recolher dados em excesso de muitos locais adicionais ou de repetidas excursões no terreno e é considerado um sistema de alerta precoce.

## 4.1. Recomendações

Com base na atual avaliação da qualidade da água potável e na avaliação dos riscos, podem ser tomadas as seguintes medidas correctivas:

1- A aplicação de todos os artigos da Lei 48/1982 relativa à proteção do rio Nilo e dos cursos de água contra a poluição, bem como o tratamento das águas residuais antes da sua descarga nos cursos de água, que podem ser recicladas para fins agrícolas, como árvores florestais e plantas ornamentais, a fim de melhorar a qualidade da água do rio Nilo.

2- A monitorização regular das fontes de água com o aumento das estações de monitorização deve ser seguida de forma a registar qualquer alteração na qualidade para detetar os fluxos de poluição. Isto ajudará a restringir os seus efeitos ambientais e a mitigar o surto de doenças e os impactos prejudiciais no ecossistema aquático.

3- Melhorar a eficiência do desempenho dos modelos actuais, aumentando a área de amostragem abrangida para reduzir o risco associado à incerteza dos dados. Para além da qualidade da água, sugere-se a inclusão de outras variáveis como o caudal, a velocidade e a tolerância da água. Integrar a distribuição espacial sazonal da qualidade das águas superficiais através da utilização de um modelo dinâmico. Recomenda-se também a aplicação deste modelo à qualidade das águas subterrâneas.

4- A utilização de modelos estatísticos e espaciais como passo inicial e básico nos programas de monitorização e avaliação da qualidade da água. A aprovação do elevado desempenho destes modelos no cálculo do valor dos parâmetros de qualidade da água e na medição da extensão da poluição na água potável, pode ajudar a tomar medidas correctivas e preventivas antes da investigação detalhada e controlar a poluição até certo ponto.

## 4.4. Estudo futuro

São necessários mais estudos para calcular o risco e a avaliação da saúde devido à exposição e ao consumo de água. Avaliar o risco ecológico de diferentes fontes de água no estado de saúde de ecossistemas aquáticos seleccionados. Monitorizar as cargas de brometo, absorvância ultravioleta específica (SUVA254) e pesticidas na água bruta clorada. Comparar o desempenho da ferramenta espacial IDW com outras ferramentas de análise espacial na interpolação de água superficial e potável.

# Referências

- Abdel Wahed, M. S., Mohamed, E. A., Wolkersdorfer Christian, Mohamed, I. E., Adel M'nif, Mika Sillanpa'a (2015). Avaliação da qualidade da água nas águas superficiais da bacia hidrográfica de Fayoum, Egipto. Revista de Ciências Ambientais da Terra
- Abdul Hameed, M. Jawad Alobaidy, Haider, S. Abid, Bahram K. Maulood (2010). Aplicação do Índice de Qualidade da Água para avaliação do ecossistema do Lago Dokan, Região do Curdistão, Iraque. *Jornal de Recursos Hídricos e Proteção,* Vol.2 No.9. ISSN: 1945-3094.
- Abrahao, R. M., Carvalho, W. R., da Silva J Abid, Bahram K. Maulood (2010). Utilização de Análise de Índices para Avaliar a Qualidade da Água de um Riacho que Recebe Efluentes Industriais. *Comissão de Investigação da Água (Water SA),* Vol. 33, No. 4, pp. 459465.
- APRP (Programa de Reforma da Política Agrícola) (2002). Programa de Política da Água, inquérito das fontes de poluição do sistema do Nilo. Relatório nº 64.
- Babiker, I. S., Mohamed, A. A., Hiyama, T. (2007). Avaliação da qualidade das águas subterrâneas utilizando o SIG. *Water Resources Management,* 21, 699-715 .715.
- Batabyal, A. K. (2014). Correlação e Análise de Regressão Linear Múltipla de Dados sobre a qualidade das águas subterrâneas do distrito de Bardhaman, Bengala Ocidental, Índia. *Revista Internacional de Investigação em Química e Ambiente,* Vol. 4 Edição 4 (42-51) outubro de 2014.
- Bordalo, A. A., Teixeira, R. e Wiebe,W. J. (2006). Índice de Qualidade da Água Aplicado para uma bacia hidrográfica internacional partilhada: O Caso do Rio Douro. *Gestão Ambiental,* Vol. 38, No. 6, pp. 910-920.
- CCME (Conselho Canadiano de Ministros do Ambiente) (2001). Canadiano orientações sobre a qualidade da água para a proteção da vida aquática: Índice de Qualidade da Água CCME 1.0, Manual do Utilizador. In: Canadian environmental quality guidelines, 1999, Conselho Canadiano de Ministros do Ambiente, Winnipeg.
- Demuynck, C., Bawens, W., Pauw, N. de, Dobbel aere, I. Poelman, E. e De, Pauw, N. (1997). Evaluation of Pollution Reduction Scenarios in a River Basin (Avaliação de cenários de redução da poluição numa bacia hidrográfica). *Ciência e Tecnologia da Água,* 35:65-75.
- Donia, N. e Hussein, M. (2004). Avaliação da eutrofização do Lago Manzala utilizando técnicas de SIG. Oitava Conferência Internacional sobre Tecnologia da Água, (IWTC8 2004) Alexandria, Egipto.
- Dwivedi, S. L. e Pathak, V. (2007). Uma Atribuição Preliminar de Qualidade da Água Índice do rio Mandakini, Chitrakoot. *Indian Journal of Environmental Protection,* Vol. 27, No. 11, pp. 1036-1038.
- El-Sherbini, A. e El-Moattassem, M. (1994). Índice de qualidade da água do rio Nilo em condições de caudal alto e baixo. Conferência Nacional sobre o Rio Nilo, Centro de Estudos Ambientais de Assiut.
- Eslami, H., Jafar D., Javadi, M. R., Chamheidar, H. (2013). Geoestatística Avaliação da distribuição da qualidade da água subterrânea com SIG (estudo de caso:

planície de Mianab-Shoushtar), Boletim do Meio Ambiente. *Farmacologia e Ciências da Vida,* Vol 3 (1) dezembro de 2013: 78-82.

- ESRI (Environmental systems research institute) (2005). Sistemas ambientais Research Institute Inc., EUA.
- Ferrer, J., Perez-Martin M, A., Jimenez, S., Estrela, T., Andreu, J. (2012). SIG- para a avaliação da quantidade e qualidade da água na bacia hidrográfica do rio Jucar, em Espanha, incluindo os efeitos das alterações climáticas. [Ciência do Ambiente Total. 440: 42-59.
- Hajalilou, B., e Khaleghi, F. (2009). Investigação de factores hidrogeoquímicos e avaliação da qualidade das águas subterrâneas no município de Marand, no noroeste do Irão: uma abordagem estatística multivariada. *Journal of food, Agriculture and environment.* 7(3 e 4), pp 930-937.
- Hector, Rubio-Arias, Manuel Contreras-Caraveo, Rey Manuel Quintana, Ruben Alfonso Saucedo-Teran e Adan Pinales-Munguia (2012). Um índice global de qualidade da água (WQI) para um reservatório aquático artificial no México. *Revista Internacional de Investigação Ambiental e Saúde Pública,* ISSN 1660-4601.
- Hegazy, E., Badr El-Din (2012). Estudo comparativo de diferentes tratamentos de água Plantas na província de Damietta, Egipto. *Jornal Australiano de Ciências Básicas e Aplicadas,* 6(3): 474-482, ISSN 1991-8178.
- Hongjun Su, Yongning Wen, Min Chen, Hong Tao, Jingwei Shen (2008). Espacial modelo de representação de dados orientado para a resolução de problemas geográficos. *Arquivos Internacionais de Fotogrametria, Sensoriamento Remoto e Ciências da Informação Espacial,* Vol. XXXVII. Parte B2. Beijing 2008.
- Javier, F., Miguel, A. Perez-Martin, Sara, J., Teodoro, E., Joaquin, A. (2012). SIG- para avaliação da quantidade e qualidade da água na Bacia do Rio Jucar. *Ciência do Ambiente Total,* 440 (2012) 42-59.
- Juahir, H., Sharifuddin M. Z., Yusoff, M. K., Hanidza, T. I. T., Armi A. S. M., Toriman, M. E. e Mazlin M. (2010) avaliação espacial da qualidade da água da bacia do rio Langat (Malásia) utilizando técnicas ambientais. *Monitorização e Avaliação Ambiental,* 173:625-641.
- Kannel, P. R., Lee, S., Lee, Y., Kanel, S. R., e Khan, S. P. (2007). Aplicação de Índices de Qualidade da Água e Oxigénio Dissolvido como Indicadores para a Classificação das Águas Fluviais e Avaliação do Impacto Urbano. *Environmental Monitoring and Assessment,* Vol. 132, No. 1-3, pp. 93-110.
- Khatoon, N., Altaf, H. K., Masihur, R.,Vinay, P. (2013). Estudo de correlação para o Avaliação da qualidade da água e seus parâmetros do rio Ganga, Kanpur, Uttar Pradesh, Índia. *IOSR Journal of Applied Chemistry* (IOSR-JAC), Volume 5, Número 3 (Set. - Out. 2013), PP 80-90. E-ISSN: 2278-5736.
- Khodapanah, L., Sulaiman, W. N. A., e Khodapanah, N. (2009). Água subterrânea avaliação da qualidade para diferentes fins no distrito de Eshtehard, Teerão, Irão. *Revista Europeia de Investigação Científica,* 36(4), pp 543-553.
- Marchant, Archant, A. P., Banksanks, V. J., Royseoyse, K, R., Quigleyuigley, S. P. (2013). O desenvolvimento de uma metodologia SIG para avaliar o potencial de contaminação dos recursos hídricos devido ao novo desenvolvimento no sítio do Parque Olímpico de 2012, Londres [J]. *Computers & Geosciences,* 51: 206-215.
- Melegy, A., El-Kammar, A., Mokhtar,Y. M., Ghadir, M. (2014). Hidrogeoquímica Características e avaliação dos recursos hídricos na província de Beni Suef, Egipto. *Open Journal of Geology*, 4, 44-57.

- Mohanta, B. K. e Patra, A. K. (2000). Estudos sobre o índice de qualidade da água do rio Sanmachhakandana em Keonjhar Garh, Orissa. Poll. Res. 19:3, 377-385.
- NWRP/MWRI (2013). Plano Nacional de Recursos Hídricos/Ministério dos Recursos Hídricos e Irrigação, Egipto. Relatório final: O Plano Nacional de Recursos Hídricos do Egipto - 2017.
- Oke Adebayo Olubukola Oke, Abimbola Yisau Sangodoyin, Kolawole Ogedengbe, Taiwo Omodele (2013). Mapeamento da qualidade da água do rio usando interpolação ponderada de distância inversa na bacia do rio Ogun-Osun, Nigéria. *Landscape & Environment,* 7 (2). 48-62.
- Rajkumar, V., Raikar, Sneha, M. K., Purandara, B. K. (2012). Qualidade da água análise de Bhadravathi taluk usando GIS - um estudo de caso. *Revista internacional de ciências ambientais,* Volume 2, No 4, 2012, ISSN 0976 - 4402.
- Rajkumari Suryawanshi, Khan, Dr. I. A. (2014). Avaliação das águas subterrâneas Qualidade e sua distribuição espacial perto do antigo aterro sanitário de Kothrud, Pune.*The International Journal of Science & Technoledge.* ISSN 2321 - 919X.
- Saif Ullah Khan, Azmatullah Noor e Izharul Haq Farooqi (2015). SIG Application for Groundwater Management and Quality Mapping in Rural Areas of District Agra, India. *Revista Internacional de Recursos Hídricos e Ambientes Áridos,* 4(1): 89-96, ISSN 2079-7079.
- Sanders, T.G., et al. (1983). "Design of networks for monitoring water quality". *Water Resources Pub,* Littleton, CO.
- Sankar, N. S. e Mrinal, B. (2011). Análise das Características Físico-Químicas para estudar a qualidade da água de um lago em Kalyani, Bengala Ocidental. *Jornal Asiático de Ciências Biológicas Experimentais*, vol 2(1): 18-22.
- Sarkar, M., Banerjee, A., Pramanik, P.P., Chakraborty, S. (2006). Appraisal of concentração elevada de fluoreto em águas subterrâneas utilizando correlação estatística e estudo de regressão. *Journal of the Indian Chemical Society*, 83, pp 1023-1027.
- Selvam, S., Manimaran, G., Sivasubramanian, P., Balasubramanian, N., Seshunarayana, T. (2013). Avaliação baseada em GIS do Índice de Qualidade da Água dos recursos hídricos subterrâneos em torno da cidade costeira de Tuticorin, sul da Índia. *Ciências Ambientais da Terra.* ISSN 1866-6280.
- Simões, F. S., Moreira,.A. B., Bisinoti, M. C., Gimenez, S. M. N. e Yabe, M. J. S. (2008). Índice de Qualidade da Água como Indicador Simples dos Efeitos da Aquacultura nos Corpos Aquáticos. *Indicadores Ecológicos*, Vol. 8, No. 5, pp. 476-484.
- Soylak. M., F. Armagan Aydin, S. Saracoglu, L. Elci e M. Dogan (2002). Análise química de amostras de água potável de Yozgat, Turquia. *Polish J. Environ. Stud.,* 11(2): 151-156.
- SwarnaLatha, P. e Nageswara Rao, K. (2010). Avaliação e distribuição espacial da qualidade das águas subterrâneas na zona II e III, Grande Visakhapatnam, Índia, utilizando o índice de qualidade da água (WQI) e o SIG. *Revista internacional de ciências ambientais,* 1(2), pp 198-212.
- PNUD (Programa das Nações Unidas para o Desenvolvimento) (2002). O Programa Árabe para o Desenvolvimento Humano Relatório de Desenvolvimento. Criar oportunidades para as gerações futuras. Gabinete Regional para os Estados Árabes, Nova Iorque.

- UNICEF (2005). Água para a vida: Making it happen. Monitorização Conjunta OMS/UNICEF
Programa de Abastecimento de Água e Saneamento, Fundo das Nações Unidas para a Infância, Nova Iorque.
- OMS (Organização Mundial de Saúde) (2007). Segurança química da água potável: avaliação das prioridades para a gestão dos riscos. OMS, Genebra.
- Xiang, S. L., Wu, C. B., Yan, G. Q. (2003). O estudo sobre a avaliação de sistema de previsão da qualidade das águas subterrâneas baseado em SIG. *Hidrogeologia e Geologia de Engenharia,* 34(1), 123-125.
- Zhou, B. H., Zheng, B. H. (2008). O estudo sobre a avaliação da qualidade da água e estado nutricional do lago Tai com base no SIG. *Hidrogeologia e Geologia de Engenharia,* 10, 34-38 .38.

Abdel Wahaab, R. e Badawy, M. I. (2004). Avaliação da Qualidade da Água do Sistema do Rio Nilo: An Overview. *Ciências biomédicas e ambientais.* 17, 87-100

Abdel Wahed, M. S. M., Mohamed, E. A., El-Sayed, M. I., M'nif A, Sillanpa "a" M, (2014). Modelagem geoquímica do processo de evaporação no Lago Qarun. Egipto. *Jornal de Ciências da Terra Africanas.* 97:322-330.

Abdel Wahed, M. S., Mohamed, E. A., Wolkersdorfer Christian, Mohamed, I. E., Adel M'nif, Mika Sillanpa "a (2015). Avaliação da qualidade da água nas águas superficiais da bacia hidrográfica de Fayoum, Egipto. *Revista Environmental Earth Science.*

Abdo, M. H. (2002). Estudos ambientais no Ramo Roseta e algumas aplicações químicas na área que se estende de El-Kanater El-Khayria à cidade de Kafr El-Zyat. Tese de doutoramento, Faculdade de Ciências, Universidade Ain Shams, Egipto.

Abdo, M. H. (2005). Características físico-químicas das lagoas de abu za'baal. *Jornal Egípcio de Investigação Aquática.* 31: 1-15.

Abdul Hameed, M. Jawad Alobaidy, Haider, S. Abid, Bahram K. Maulood (2010). Aplicação do Índice de Qualidade da Água para avaliação do ecossistema do Lago Dokan, Região do Curdistão. *Jornal de Recursos Hídricos e Proteção (JWARP).* publicação de investigação científica. ISSN: 1945-3094.

Abrahao, R. M., Carvalho, W. R., da Silva Junior, T. T. V., Machado, C. L. M., Gadelha e Hernandez, M. I. M. (2007). Uso da Análise de Índices para Avaliação da Qualidade da Água de Riacho Recetor de Efluentes Industriais. *Comissão de Investigação da Água (Water SA).* Vol. 33 No. 4 julho 2007. 459-465.

APHA (Associação Americana de Saúde Pública) (2012). Standard Methods for water and waste water examination. 22ª edição.

ATSDR (Agência para o Registo de Substâncias Tóxicas e Doenças) (2012). Toxicological Profile for Chromium [Perfil toxicológico do crómio]. Atlanta, GA: Departamento de Saúde e Serviços Humanos dos EUA, Serviço de Saúde Pública.

Babiker, I. S., Mohamed, A. A., Hiyama, T. (2007). Avaliação da qualidade das águas subterrâneas com recurso ao SIG. *Gestão de Recursos Hídricos.* 21, 699-715 .715.

Bordalo, A. A., Teixeira, R. e Wiebe,W. J. (2006). Índice de Qualidade da Água Aplicado a uma Bacia Hidrográfica Internacional Partilhada: O Caso do Rio Douro. *Gestão Ambiental.* Vol. 38, No. 6, pp. 910-920.

Burrough, P. A., McDonnell, R. A. (1998). Principles of geographical information systems. Oxford University Press, Oxford.

Cabelli, V. (1978). New standards for enteric bacteria In: Mitchell, R. ed. *Microbiologia da Poluição da Água.* V2, pp: 233-271. John Wiley & Sons, Nova Iorque.

CCME (Conselho Canadiano de Ministros do Ambiente) (2001). Canadian water quality guidelines for the protection of aquatic life: Índice de Qualidade da Água CCME 1.0, Manual do Utilizador. In: Canadian environmental quality guidelines, Conselho Canadiano de Ministros do Ambiente, Winnipeg.

Demuynck, C., Bawens, W., Pauw, N. de, Dobbel aere, I. Poelman, E. e De, Pauw, N. (1997). Evaluation of Pollution Reduction Scenarios in a River Basin (Avaliação de cenários de redução da poluição numa bacia hidrográfica). *Water Science and Technology*. 35:65-75.

Dwivedi, S. L. e Pathak, V. (2007). A Preliminary Assignment of Water Quality Index to Mandakini River, Chitrakoot. *Jornal Indiano de Proteção Ambiental*. Vol. 27, No. 11, pp. 1036-1038.

Lei egípcia n.º 48 (1982). E a sua alteração n.º 92/2013, artigo 49.

El-Gamel, A. e Shafik, Y. (1985). Um estudo sobre a monitorização dos poluentes que descarregam no rio Nilo e o seu efeito na qualidade da água do rio. *Boletim de Qualidade da Água (Water Qual. Bull.)*. 10: 111-115.

El-Haddad, E. S. M. (2005). Alguns estudos ambientais sobre a água e os sedimentos do Canal de Ismailia desde El-Mazallat até à região de Anshas, Cairo, Egipto. Faculdade de Ciências, Universidade Al-Azhar, Tese de Mestrado em Ciências.

El-Sherbini, A. e El-Moattassem, M. (1994). Índice de qualidade da água do rio Nilo em condições de caudal alto e baixo. Conferência Nacional sobre o Rio Nilo, Centro de Estudos Ambientais de Assiut.

El-Sherbini, A. M., Bary, M. R., Heikal, M.T. e Hamdy, A. (1997). Impactos ambientais das fontes de poluição na qualidade da água do Ramo Roseta. V. II. Qualidade da água e controlo da poluição. CIHEAM Int. Conf. setembro, 22-26, Bari, Itália.

EPA (Agência de Proteção do Ambiente) (2001). Parâmetros de qualidade da água Interpretação e normas.

ESRI (Instituto de Investigação de Sistemas Ambientais) (1994). Modelação baseada em células com grelha. Environmental Systems Research Institute Inc., EUA.

ESRI (Environmental systems research institute) (2005). Environmental systems research institute Inc., EUA.

Ezzat, S. M. (2012). Avaliação da qualidade da água do rio Nilo no ramo de Rosetta: Impacto da descarga de drenos. Tese de doutoramento, Microbiologia. Faculdade de Ciências, Universidade Ain Shams, Egipto

Ezzat, S. M., Hesham, M. Mahdy, Abo-State, Mervat A., El Shakour, Essam H., Abd e El-Bahnasawy, Mostafa A. (2008). Papel de certos extractos botânicos contra bactérias isoladas do rio Nilo e da água de drenagem. *Jornal de Investigação Científica do Médio Oriente*. 12 (4): 413-423, ISSN 1990-9233

Ferrer, J., Perez-Martin M, A., Jimenez, S., Estrela, T., Andreu, J. (2012). Modelos baseados em SIG para avaliação da quantidade e qualidade da água na bacia do rio Jucar, Espanha, incluindo os efeitos das alterações climáticas. [*Ciência do Ambiente Total*. 440: 42-59.

Hajalilou, B. e Khaleghi, F. (2009). Investigação de factores hidrogeoquímicos e avaliação da qualidade das águas subterrâneas no município de Marand, noroeste do Irão: uma abordagem estatística multivariada. *Journal of food, Agriculture and environment*. 7(3 e 4), pp 930-937.

Hassouna, E. M. Mohamed, Abdel-Samie, A. Elewa e Ahmed, M. Ibrahim (2014). Fatores que afetam a distribuição de metais pesados no rio nilo na região do grande cairo, Egito. *Revista Internacional de Bioensaios*. ISSN: 2278-778X.

Hector Rubio-Arias, Manuel Contreras-Caraveo, Rey Manuel Quintana, Ruben Alfonso

Saucedo-Teran e Adan Pinales-Munguia (2012). Um índice global de qualidade da água (WQI) para um reservatório aquático feito pelo homem no México. *Revista Internacional de Pesquisa Ambiental e Saúde Pública.* ISSN 1660-4601

Hossein, E., Jafar, D., Javadi, M. r., Chamheidar, H. (2013). Avaliação geoestatística da distribuição da qualidade da água subterrânea com SIG (estudo de caso: planície de Mianab-Shoushtar). *Boletim de Meio Ambiente, Farmacologia e Ciências da Vida.* Vol 3 (1) dezembro de 2013: 78-82.

HOU Jing-wei, MI Wen-bao, LI Long-tang (2014). Avaliação da qualidade espacial da água potável com base no SIG e no algoritmo de agrupamento de colónias de formigas. *Jornal da Universidade Central do Sul.* 21: 1051-1057.

Ibrahim, H. Z. e Abu-Shanab, M. A. (2013). Monitorização de alguns subprodutos de desinfeção em estações de tratamento de água potável de El-Beheira Governorate, Egipto. *Applied Water Science.* 3:733-740.

Jianrong, Wei, Bixiong Ye, Wuyi Wang, Linsheng Yang, Jing Tao, Zhiyu Hang. (2010). Avaliações espaciais e temporais de subprodutos de desinfeção em sistemas de distribuição de água potável em Pequim, China. *Ciência do Ambiente Total .408,* 4600-4606.

Juahir, Hafizan, Sharifuddin M. Zain, Mohd Kamil Yusoff, T. I. Tengku Hanidza, A. S. Mohd Armi, Mohd Ekhwan Toriman e Mazlin Mokhtar (2010). Avaliação espacial da qualidade da água da bacia hidrográfica do rio Langat (Malásia) utilizando técnicas ambientais. *Monitorização e Avaliação Ambiental.* 173:625-641.

Kannel, P. R., Lee, S., Lee, Y., Kanel, S. R., e Khan, S. P. (2007). Application of Water Quality Indices and Dissolved Oxygen as Indicators for River Water Classification and Urban Impact Assessment". *Environmental Monitoring and Assessment.* Vol. 132, No. 1-3, pp. 93-110.

Khodapanah, L., Sulaiman, W. N. A., e Khodapanah, N. (2009). Avaliação da qualidade da água subterrânea para diferentes fins no distrito de Eshtehard, Teerão, Irão. *Revista Europeia de Investigação Científica.* 36(4), pp 543-553.

Korium, M. A. e Toufeek, M. A. (2008). Estudos de algumas características físico-químicas do reservatório da antiga barragem de Aswan e da água do rio Nilo em Aswan. Egipto. *Jornal de Investigação Aquática.* 34: 149-167.3.

Mahmoud, H. M., Mohamed, E. A., Khalil, M. H., & Mahgoub, M. S. (2016). Avaliação exaustiva do desempenho das estações de tratamento de água potável na província de El Fayoum, Egipto. *Jornal de Investigação de Ciências Farmacêuticas, Biológicas e Químicas.* 7(5), 2189-2213, ISSN: 0975-8585.

Marchant, A. P., Banks, V. J., Royse K, R., Quigley, S. P. (2013). O desenvolvimento de uma metodologia GIS para avaliar o potencial de contaminação dos recursos hídricos devido ao novo desenvolvimento no local do Parque Olímpico de 2012, Londres. *[J]Computers & Geosciences.* 51: 206-215.

Mohamed, M. El Bouraie, Motawea ,Eman A., Gehad G. Mohamed & Mohamed M. Yehia (2011). Qualidade da água do braço de Rosetta no delta do Nilo, Egipto. Suoseura - Sociedade Finlandesa de Turfeiras, Helsínquia 2011. ISSN 0039-5471.

Mohanta, B. K. e Patra, A. K. (2000). Estudos sobre o índice de qualidade da água do rio Sanmachhakandana em Keonjhar Garh, Orissa. *Poll. Res.* 19:3, 377-385.

Mostafa, M., Mohamed, R., Hussein, G., Abdullah H. (2014). Factores que afectam a sucessão e o crescimento das espécies de fitoplâncton no Nilo, na província de Fayoum. Tese de mestrado em ciências, Faculdade de Ciências, Universidade de Fayoum, Egipto.

Oke Adebayo Olubukola Oke, Abimbola Yisau Sangodoyin, Kolawole Ogedengbe, Taiwo Omodele (2013). Mapeamento da qualidade da água do rio usando interpolação ponderada de distância inversa na bacia do rio Ogun-Osun, Nigéria. *Landscape & Environment.* 7 (2). 48-62.

Rajkumar, V., Raikar, Sneha, M. K., Purandara, B. K. (2012). Análise da qualidade da água de Bhadravathi taluk usando GIS - um estudo de caso. *Revista internacional de ciências ambientais.* Volume 2, n.º 4, 2012, ISSN 0976 - 4402.

Rajkumari Suryawanshi, Khan, I. A. (2014). Avaliação da qualidade das águas subterrâneas e sua distribuição espacial perto do antigo aterro sanitário de Kothrud, Pune. *O Jornal Internacional de Ciência e Tecnologia.* ISSN 2321 - 919X.

Ravindra, K., Meenakshi, R. e Kaushik, A. (2003). Variações sazonais nas características físico-químicas do rio Yamuna em Haryana e a sua utilização ecológica mais adequada. *Journal of Environmental Monitoring.* 5: 419-426.

Rejeski, D. (1993). GIS e risco: um problema de três culturas. In: Goodchild, M.F., Parks, B.O., Steyaert, L.T. (Eds.), Environmental Modeling with GIS. Oxford University Press, Oxford, Reino Unido.

Ezzat, M. Safaa, Hesham, M. Mahdy, Mervat, A. Abo-State, Essam, H. Abd El Shakour e Mostafa, A. El-Bahnasawy ( 2012). Avaliação da qualidade da água do rio Nilo no ramo de Rosetta: Impacto da descarga de drenos. *Jornal do Médio Oriente de Investigação Científica.* 12 (4): 413-423, ISSN 1990-9233.

Saif Ullah Khan, Azmatullah Noor e Izharul Haq Farooqi (2015). Aplicação GIS para gestão de águas subterrâneas e mapeamento de qualidade em áreas rurais do distrito de Agra, Índia. *Revista Internacional de Recursos Hídricos e Ambientes Áridos.* 4(1): 8996, ISSN 2079-7079.

Sanders, T.G., R.C. Ward, J.C. Loftis, T.D. Steele, D.D. Adrian, e V. Yevjevich (1983). Design of networks for monitoring water quality. *Littleton, Colorado: Water Resources Publications.*

Sankar Narayan Sinha e Mrinal Biswas, 2011, Analysis of Physico-Chemical Characteristics to Study the Water Quality of a Lake in Kalyani,West Bengal (Análise das características físico-químicas para estudar a qualidade da água de um lago em Kalyani, Bengala Ocidental). *Jornal Asiático de Ciências Biológicas Experimentais.* Vol 2(1): 18-22.

Sarita Verma (2009). Variação sazonal da qualidade da água no rio Betwa na região de Bundelkhand, Índia. *Jornal Global de Investigação Ambiental.* 3 (3): 164-168.

Selvam, S., Manimaran, G., Sivasubramanian, P., Balasubramanian, N., Seshunarayana, T. (2013). Avaliação baseada em GIS do Índice de Qualidade da Água dos recursos hídricos subterrâneos em torno da cidade costeira de Tuticorin, sul da Índia, *Ciências Ambientais da Terra.* ISSN 1866-6280.

Shivayogimath, C. B., Kalburgi, P. B., Deshannavar, U. B., e Virupakshaiah, D. B. M. (2012). Avaliação da qualidade da água do rio Ghataprabha, Índia. *Revista Internacional de Investigação em Ciências do Ambiente.* 1(1), 12-18.

Simões, F. S., Moreira,.A. B., Bisinoti, M. C., Gimenez, S. M. N. e Yabe, M. J. S. (2008). Índice de Qualidade da Água como Indicador Simples dos Efeitos da Aquicultura nos Corpos Aquáticos. *Indicadores Ecológicos.* Vol. 8, No. 5, pp. 476-484.

SwarnaLatha, P. e Nageswara Rao, K. (2010). Avaliação e distribuição espacial da qualidade das águas subterrâneas nas zonas II e III, Grande Visakhapatnam, Índia, utilizando o índice de qualidade da água (WQI) e o SIG. *Revista internacional de ciências ambientais.* 1(2), pp 198-212.

Tebbutt, T. (1998). Princípios de Controlo da Qualidade da Água. 5ª ed., Universidade de Hallam.
PNUD (Programa das Nações Unidas para o Desenvolvimento) (2003).Fayoum Human Development Report.
Ministério dos Recursos Hídricos e da Irrigação (2015). Relatório técnico.
OMS (Organização Mundial de Saúde) (2007). Segurança química da água potável: avaliação das prioridades para a gestão dos riscos. OMS, Genebra
OMS (Organização Mundial de Saúde) (2009). Manual do plano de segurança da água, gestão de riscos passo a passo para fornecedores de água potável. OMS, Genebra
OMS (Organização Mundial de Saúde) (2010). Alumínio na água potável. WHO/HSE/WSH/1001/13. OMS, Genebra
OMS (Organização Mundial de Saúde) (2011). Directrizes para a Qualidade da Água Potável, Quarta edição Volume 1, Recomendações. In: OMS, Genebra
Xiang, S. L., Wu, C. B., Yan, G. Q. (2003). O estudo sobre a avaliação da qualidade das águas subterrâneas e o sistema de previsão baseado em GIS. *Hidrogeologia e Geologia de Engenharia.* 34(1), 123-125.
Zhou, B. H., Zheng, B. H. (2008). O estudo sobre a avaliação da qualidade da água e do estado nutricional do lago Tai com base no GIS. *Hidrogeologia e Geologia de Engenharia.* 10, 34-38 .38.
Abdel Wahed, Mahmoud S. M., Essam, A. Mohamed, Christian Wolkersdorfer, Mohamed, I. El-Sayed, Adel M'nif, Mika Sillanpa'a (2015). Avaliação da qualidade da água nas águas superficiais da bacia hidrográfica de Fayoum, Egipto. *Environ Earth Sci.*
Abdo, M. H., S.Z. Sabae, B.M. Haroon, B.M. Refaat e A.S. Mohammed (2010). Características físico-químicas, avaliação microbiana e suscetibilidade a antibióticos de bactérias patogénicas da água do canal de Ismailia, rio Nilo, Egipto. *O Jornal da Ciência Americana (J. American Sci.).* 6(5): 234-250.
Abdul Saleem, Mallikarjun N. Dandigi e K. Vijay Kumar (2012). Modelo de correlação-regressão para a qualidade físico-química das águas subterrâneas na cidade de Gulbarga, no sul da Índia. *Revista Africana de Ciência e Tecnologia Ambiental,* Vol. 6(9), pp. 353-364.
Achuthan Nair, G., Abdullan I. Mohamad e Mahamoud Mahdy Fadiel (2005). Poll Results, 24(1): 1-6.
APHA (Associação Americana de Saúde Pública) (2012). Standard Methods for water and waste water examination. 22ª edição.
Arun, P. V. (2013). Uma análise comparativa de diferentes métodos de interpolação de DEM. *The Egyptian Journal of Remote Sensing and Space Science*, doi:10.1016/j.ejrs.2013.09.001.
Batabyal, A. K. (2014). Correlação e análise de regressão linear múltipla de dados de qualidade das águas subterrâneas do distrito de Bardhaman, Bengala Ocidental, Índia. *Revista Internacional de Investigação em Química e Ambiente (Int. J. Res. Chem. Environ)*, Vol. 4 Edição 4 (42-51) outubro de 2014.
Black, r. William (1991). A note on the use of correlation coefficients for assessing goodness-of-fit in spatial interaction models. *Kluwer Academic Publishers*, Impresso nos Países Baixos. Transportation 18: 199--206, 1991
Burrough, P. A. & Mcdonnell R. A. Mcdonnell (1998). Principles of Geographic Information Systems (Oxford University Press) 356 pp.
CCME (Conselho Canadiano de Ministros do Ambiente) (2001). Canadian water quality guidelines for the protection of aquatic life: Índice de Qualidade da Água CCME

1.0, Manual do Utilizador. In: Canadian environmental quality guidelines, Conselho Canadiano de Ministros do Ambiente, Winnipeg.

Druck, S., Carvalho, M. S., Camara, G., et al. (2004). Analise' Espacial de Dados Ge- ogra' cos. EMBRAPA, Bras'lia.

Relatório sobre as tendências ambientais (2012). Qualidade das águas de superfície - rios e riachos: Medições químicas e físicas. Página 5- Atualizado em 3/2012 NJDEP (Departamento de Proteção Ambiental de Nova Jersey) Gabinete de Ciência.

ESRI (Instituto de Investigação de Sistemas Ambientais) (1994). Modelação baseada em células com grelha. Environmental Systems Research Institute Inc., EUA.

Ezzat, M. Safaa, Hesham M. Mahdy, Mervat A. Abo-State, Essam H. Abd El Shakour e Mostafa A. El-Bahnasawy (2012). Avaliação da Qualidade da Água do Rio Nilo no Ramo de Roseta: Impacto da descarga de drenos. *Jornal do Médio Oriente de Investigação Científica,* 12 (4): 413-423, 2012

Florence, P. Lilly, A. Paulraj e T.Ramachandramoorthy (2012). Índice de Qualidade da Água e Estudo de Correlação para a Avaliação da Qualidade da Água e seus Parâmetros de Yercaud Taluk, Distrito de Salem, Tamil Nadu, Índia. *Chemical Science Transactions*, 2012, 1(1), 139-149.

Hongjun Su, Yongning Wen, Min Chen, Hong Tao, Jingwei Shen (2008). Modelo de representação de dados espaciais orientado para a resolução de problemas geográficos. *Arquivos Internacionais de Fotogrametria, Sensoriamento Remoto e Ciências da Informação Espacial,* Vol. XXXVII. Parte B2. Beijing 2008.

Hossain M.A., Sujaul I.M. e Nasly M.A. (2013). Índice de qualidade da água: um indicador da poluição das águas superficiais na parte oriental da Malásia peninsular. *Revista de Investigação de Ciências Recentes.* Vol. 2(10), 10-17, outubro (2013).

Ibrahim, H. Z. e Abu-Shanab, M. A. (2013). Monitorização de alguns subprodutos de desinfeção em estações de tratamento de água potável de El-Beheira Governorate, Egipto. *Applied Water Science.* 3:733-740.

Jarvie, H. P.; Whitton, B. A.; Neal, C., (1998). Nitrogénio e fósforo nos rios da costa leste britânica: Especiação, fontes e significado biológico. *Sci. Total Environ.,* 210-211, 79-109.

Jianrong, Wei, Bixiong Ye, Wuyi Wang, Linsheng Yang, Jing Tao, Zhiyu Hang. (2010). Avaliações espaciais e temporais de subprodutos de desinfeção em sistemas de distribuição de água potável em Pequim, China. *Ciência do Ambiente Total .408,* 4600-4606.

Jinal, Y. Patel e Minakshi V. Vaghani (2015). Estudo de Correlação para Avaliação da Qualidade da Água e seus Parâmetros do Rio Par Valsad, Gujarat, Índia, *Revista Internacional de Pesquisa Inovadora e Emergente em Engenharia,* Volume 2, Edição 2.

Kar, D.; P. Sur; S. K. Mandal; T. Saha; R. K. Kole (2008). Avaliação da poluição por metais pesados em águas superficiais. *Jornal Internacional de Ciência e Tecnologia Ambiental (Int. J. Environ. Sci. Tech.),* 5 (1), 119-124, inverno de 2008, ISSN: 1735-1472.

Khatoon, Naseema, Altaf Husain Khan, Masihur Rehman,Vinay Pathak, (2013). Estudo de correlação para a avaliação da qualidade da água e seus parâmetros do rio Ganga, Kanpur, Uttar Pradesh, Índia. *IOSR Journal of Applied Chemistry (IOSR-JAC)* Volume 5, Edição 3 (Set. - Out. 2013), PP 80-90. e-ISSN: 22785736.

Kumar, N. e Sinha, D.K. (2010). Gestão da qualidade da água potável através de estudos de correlação entre vários parâmetros físico-químicos: um estudo de caso,

*International Journal of Environmental Sciences*, 1(2): 253259.

Mahmoud, H. M., Mohamed, E. A., Khalil, M. H., & Mahgoub, M. S. (2016). Avaliação exaustiva do desempenho das estações de tratamento de água potável na província de El Fayoum, Egipto. *Research Journal of Pharmaceutical, Biological and Chemical Sciences,* 7(5), 2189-2213, ISSN: 0975-8585.

Mcintyre, R. Neil, Thorsten Wagener, Howard S. Wheater e Zeng Si Yu Neil (2003). Uncertainty and risk in water quality modeling and management (Incerteza e risco na modelação e gestão da qualidade da água). *Journal of Hydroinformatics*.

McLennan, S. M. & Murray, R. W. (1999). Geoquímica de Sedimentos. In: Marshall, C.P. & Fairbridge, R.W. (eds.) Encyclopedia of geochemistry Dordrecht: Kluwer Academic.

Melegy, A., Ahmed El-Kammar, Mohamed MokhtarYehia, GhadirMiro (2014). Características hidrogeoquímicas e avaliação dos recursos hídricos na província de Beni Suef, Egito. *Jornal Aberto de Geologia,* 4, 44-57.

Mostafa, M., Mohamed, R., Hussein, G., Abdullah H. (2014). Factores que afectam a sucessão de espécies de fitoplâncton e o crescimento no nilo em fayoum goverenorate. Tese de mestrado, Faculdade de Ciências, Universidade de Fayoum, Egipto.

Nikanorov, A.M., Brazhnikova, L.V. (2015). Composição química da água de rios, lagos e zonas húmidas. Tipos e propriedades da água. Vol. II - Composição química da água de rios, lagos e zonas húmidas.

Grupo de Gestão da Qualidade (2014). Correlação e Análise de Regressão Linear Múltipla de Dados de Qualidade das Águas Subterrâneas do Distrito de Bardhaman, Bengala Ocidental, Índia, CSIR-Central Mechanical Engineering Research Institute, Mahatma Gandhi Avenue, Durgapur- 713 209, Índia

Sallam, A. H. Gehan e Embaby, M. (2009). Geostatistical analyst as a tool to predict nutrients pollution in water, Thirteenth International Water Technology Conference, IWTC 13 2009, Hurghada, Egipto

Sarkar, Mitali, Banerjee, A., Pramanik, P.P., Chakraborty, S. (2006). Avaliação da concentração elevada de fluoreto nas águas subterrâneas utilizando correlação estatística e estudo de regressão. *Jornal da Sociedade Química Indiana (J. Indian Chem. Soc.),* 83, pp 1023-1027.

Simpson, Greg e Yi Hwa Wu (2014). Precisão e esforço de interpolação e amostragem: Pode o SIG ajudar a reduzir os custos de campo? *ISPRS International Journal of Geo-Information (ISPRSInt. J. Geo-Inf.),* 3, 1317-1333; doi: 10.3390/ijgi3041317.

Subba Rao N. (2002). Geoquímica das águas subterrâneas em partes do distrito de Guntur, Andhra Pradesh, Índia. *Geologia Ambiental (Environ. Geol.),* 41, 552-562

Teegavarapu, R. S. V., Meskele, T. & Pathak, C. S. (2012). Transformações geo-espaciais baseadas em grelha de estimativas de precipitação utilizando métodos de interpolação espacial. *Computers & Geosciences,* 40, 28-39. doi:10.1016/j.cageo.2011.07.004

Toufeek, M. A. e Korium, M. A. (2009). Características físico-químicas da qualidade da água do Lago Nasser. *Jornal Global de Investigação Ambiental*, 3(3): 141-148.

Trivedi^_Priyanka, Amita Bajpai e Sukarma Thareja, (2009). Avaliação da qualidade da água: Características físico-químicas do rio Ganga em Kanpur através de um estudo de correlação. *Natureza e Ciência,* 1(6).

PNUD (Programa das Nações Unidas para o Desenvolvimento) (2002). "Relatório do Desenvolvimento Humano Árabe". Criando Oportunidades para as Gerações

Futuras. Gabinete Regional para os Estados Árabes, Nova Iorque.

Wagner, P. D., Fiener, P., Wilken, F., Kumar, S., & Schneider, K. (2012). Comparação e avaliação de esquemas de interpolação espacial para precipitação diária em regiões com escassez de dados. Journal of Hydrology, 464-465, 388-400. doi:10.1016/j.jhydrol.2012.07.026 .

OMS (Organização Mundial de Saúde) (2011). Directrizes para a Qualidade da Água Potável, Quarta edição Volume 1, Recomendações. In: OMS, Genebra

Xiaoying, Yang e Wei, Jin (2010). Regressão espacial baseada em SIG e previsão da qualidade da água em redes fluviais: Um estudo de caso no Iowa. *Jornal de Gestão Ambiental.* 91.

Printed by Books on Demand GmbH, Norderstedt / Germany